摘　　要

　　乡村振兴，生态宜居是关键。农村人居环境整治以建设美丽宜居村庄为导向，具体包括农村生活垃圾、污水治理、"厕所革命"和村容村貌提升等多项内容，是全面推进乡村振兴、加快建设农业强国的应有之义，持续推进农村人居环境整治关系到广大农村居民的身心健康，是保障农村居民安居乐业、农村和谐稳定发展的重要基础，意义重大。近年来，党和国家高度重视农村人居环境整治工作，2014 年以来中央一号文件持续关注农村人居环境整治，2018 年《农村人居环境整治三年行动方案》出台之后，我国农村人居环境整治工作取得显著成效，随后 2021 年中央又出台了《农村人居环境整治提升五年行动方案（2021－2025 年）》，为我国"十四五"时期持续推进农村人居环境整治工作提供了具体的行动指南。在这样的背景下，本书对我国农村人居环境整治效果展开了系统研究。具体研究内容分为六个章节，第一章为导论，指出本书的选题背景和意义，对国内外相关文献进行了系统检索，在提出本书研究内容学术价值和应用价值的基础上，给出本书的核心研究内容和创新之处。第二章为农村人居环境整治的相关理论基础，按照"为什么要提供—由谁来提供—如何提供"的逻辑体系，系统阐述了农村人居环境整治的理论基础，并就农村人居环境整治的模式进行了深入分析，比较村民自治模式、政府整治模式、市场治理模式、多元共治模式四种治理模式的优劣势和适用条件。第三章对我国农村人居环境整治的现状和问题进行深入分析，首先基于公开统计数据，从生活垃圾治理、厕所改造、生活污水治理和村容村貌整治四个方面对全国农村人居环境整治整体概况进行了分析；其次基于微观调研数据，对京津冀地区农村人居环境整治推进现状和突出问题进行了分析；再次，从参与农村人居环境整治的多元主体出发，分析当前我国农村人居环境整治机制面临的困境与问题。困境的产生与政府、村民、市场以及治理机制等方面息息相关，有待进行体制机制上的重构与创新。第四章对我国农村人居环境整治效果进行实证评估，首先基于公开的统计数据，利用信息熵改进的 TOPSIS 法、协调度模型和面板模型，从供给层面对全国整体以及各省（市）的农村人居环境质量和与经济发展的协调度进行了客观评价。发现我国地区之间农村人居环境发展差异较大，东部地区整体的发展水平整体处于全国前列，西北地区、东北地区还需要加强。我国整体的农村人居环境整治与经济发展水平仍然处于磨合阶段，两者发展不够平衡。从影响农村人居环境整治水平的因素来看，城镇化率、地区财政分权水平、农村地区教育水平的提高等因素能够积极促进农村人居环境整治水平；而农村人口密度、城乡发展差异水平等因素则负向影响着农村人居环境整治水平。其次基于京津冀微观调研数据，从需求层面对村民的人居环境质量主观评价进行了测度。研究发现，京津冀地区村民对农村生活垃圾治理的主观评价水平比较高，且区域差异相对较小。邻里关系、干群关系、干部治理村庄环境的热情等因素会显著影响村民对村庄人居环境质量的主观评价。第五章从农村生活垃圾治理、厕所革命、污水治理、村容村貌及农村人居环境整体发展五个方面充分借鉴国内外如美国、日本、德国、加拿大等国家，以及国内的浙江、江苏、山东、河南等地区的一些具体做法，为我国农村人居环境整治提供经验和启示。第六章内容提出了有效提升我国农村人居环境质量的对策建议，本书认为，要想有效提升农村人居环境质量，应该统筹全局、注重规划先行；发挥村民在农村人居环境整治中的主体作用；因地制宜，创新模式，推广适切技术；创新投融资机制设计，优化资金投入方式；加大激励力度，激发村"两委"监管动力和热情；完善相关立法，执法必严。

本书受中央高校基本科研业务费专项资金资助
(supported by Chinese Universities Scientific Fund)
项目批准号：2022TC101

农村人居环境
整治效果评估研究

赵　霞◎著

中国财经出版传媒集团

经济科学出版社
Economic Science Press

图书在版编目（CIP）数据

农村人居环境整治效果评估研究/赵霞著 . -- 北京：
经济科学出版社，2022. 11
ISBN 978 - 7 - 5218 - 4222 - 7

Ⅰ. ①农… Ⅱ. ①赵… Ⅲ. ①农村 - 居住环境 - 环境
综合整治 - 研究 - 中国 Ⅳ. ①X21

中国版本图书馆 CIP 数据核字（2022）第 212095 号

责任编辑：孙丽丽 撒晓宇
责任校对：王京宁
责任印制：范 艳

农村人居环境整治效果评估研究
赵 霞 著
经济科学出版社出版、发行 新华书店经销
社址：北京市海淀区阜成路甲 28 号 邮编：100142
总编部电话：010 - 88191217 发行部电话：010 - 88191522
网址：www. esp. com. cn
电子邮箱：esp@ esp. com. cn
天猫网店：经济科学出版社旗舰店
网址：http：//jjkxcbs. tmall. com
北京季蜂印刷有限公司印装
710 × 1000 16 开 14. 25 印张 240000 字
2022 年 11 月第 1 版 2022 年 11 月第 1 次印刷
ISBN 978 - 7 - 5218 - 4222 - 7 定价：59. 00 元
（图书出现印装问题，本社负责调换。电话：010 - 88191545）
（版权所有 侵权必究 打击盗版 举报热线：010 - 88191661
QQ：2242791300 营销中心电话：010 - 88191537
电子邮箱：dbts@ esp. com. cn）

目　录

第1章 导 论

1.1 选题背景和意义

乡村振兴，生态宜居是关键。农村人居环境整治以建设美丽宜居村庄为导向，具体包括农村生活垃圾污水治理、"厕所革命"和村容村貌提升等多个方面，是乡村振兴战略的重要内容。农村人居环境整治水平的高低直接关系到农村居民的身心健康，是保障广大农民安居乐业、农村和谐稳定发展的重要基础，关系我国乡村振兴战略的成败，十分重要。同时，从世界发展的视角来看，中国农村人居农村整治的有效模式及其机制，也可以为其他发展中国家提供"中国经验"。

近年来党和国家十分重视农村人居环境建设，自从2013年习近平总书记对改善农村人居环境作出重要指示以来，从2014年开始连续9年，中央一号文件聚焦乡村人居环境整治，且篇幅越来越长，内容越来越完善。如表1-1所示，2014年国务院出台《关于改善农村人居环境的指导意见》，强调"突出重点，循序渐进改善农村人居环境"。2015～2017年历年中央一号文件均提出要深入开展农村人居环境整治工作。随后党的十九大、2018年中央一号文件提出按照"产业兴旺、生态宜居、乡风文明、治理有效、生活富裕"总要求实施乡村振兴战略，将农村人居环境整治工作的重要性提到了前所未有的高度。2018年2月，《农村人居环境整治三年行动方案》公布，同年9月，《乡村振兴战略规划（2018～2022年）》出台，均把"农村生活垃圾、污水治理和村容村貌提升为主攻方向"。2019年中央一号文件强调"全面推开以农村生活垃圾污水治理、厕所革命和村容村貌提升为重点的农村人居环境整治"。2020 年中央一号文件再次强调要"扎实搞好农村人居环境整治""分类推进农村厕所革命""全面推进农村生活垃圾治理""梯次推进农村生活污水治理""支持农民群众开展村庄清洁和绿化行动，推进'美丽家园'建设"。2021 年中央一号文件的指导更加具体，提出实施农村人居环境整治提升五年行动，重点聚焦在农村"厕所革命"、垃圾收运处置体系以及美丽宜居乡村和美丽庭院示范创建活动。2021 年底，中共中央办公厅、国务院办公厅印发了《农村人居环境整治提升五年行动方案（2021～2025 年）》为下一个五年农村人居环境整治工作提供了具体的行动指南。2022 年中央一号文件指出，接续实施农村人居环境整治提升五年行动，"推进农村改厕以及生活污水治理"，"加快推进农村黑臭水体治理"，"推进生活垃圾源头分类减量"，"深入实施村庄清洁行动和绿化美化行动"。2022 年 5 月由中共中央办公厅、国务院办公厅印发的《乡村建设行动实施方案》出台，在 2022 年中央一号文件的基础上，进一步细化了实施农村人居环境整治提升五年行动的具体方案，要求在充分尊重农民意愿的基础上，因地制宜地扎实稳妥推进农村人居环境整治行动。

表 1-1 　　　　　　　　　农村人居环境整治政策梳理

年份	政策名称	内容
2014	中央一号文件	垃圾、污水治理，道路，供排水基础设施建设，农村互联网基础设施建设
	《关于改善农村人居环境的指导意见》	居住条件（住房、饮水）、公共设施（道路、电网、照明等）和环境卫生（垃圾、污水、生产垃圾处理。改造、建设村庄公共活动场所）
2015	中央一号文件	居住条件、公共服务设施配套、山水林田路综合治理、村庄卫生状况（河塘、污水、改厕、工业三废和城市生活垃圾）
2016	中央一号文件	生活垃圾治理、村生活污水治理和改厕、村庄绿化、小流域生态、村庄保洁
	《全国农村环境综合整治"十三五"规划》	农村饮用水水源地保护、农村生活垃圾和污水处理、畜禽养殖废弃物资源化利用和污染防治

续表

年份	政策名称	内容
2017	中央一号文件	农村生活垃圾治理、生活污水治理，改厕、清洁能源供给、道路交通管养、电网升级
	党的十九大报告	提出按照"产业兴旺、生态宜居、乡风文明、治理有效、生活富裕"的总要求实施乡村振兴战略
2018	中央一号文件	以农村生活垃圾、污水治理和村容村貌提升为主攻方向。推进农村"厕所革命"，推广农村污水治理，推进新能源利用。房屋规划管控，实施乡村绿化行动
	《农村人居环境整治三年行动方案》	推进农村生活垃圾治理，开展厕所粪污治理，梯次推进农村生活污水治理，提升村容村貌
	《乡村振兴战略规划（2018～2022年）》	以农村生活垃圾、污水治理和村容村貌提升为主攻方向，开展农村人居环境整治行动
2019	中央一号文件	抓好农村人居环境整治三年行动。深入学习推广浙江"千村示范、万村整治"工程经验，全面推开以农村生活垃圾污水治理、"厕所革命"和村容村貌提升为重点的农村人居环境整治，确保到2020年实现农村人居环境阶段性明显改善，村庄环境基本干净整洁有序，村民环境与健康意识普遍增强
2020	中央一号文件	扎实搞好农村人居环境整治。分类推进农村"厕所革命"，东部地区、中西部城市近郊区等有基础有条件的地区要基本完成农村户用厕所无害化改造，其他地区实事求是确定目标任务。各地要选择适宜的技术和改厕模式，先搞试点，证明切实可行后再推开。全面推进农村生活垃圾治理，开展就地分类、源头减量试点。梯次推进农村生活污水治理，优先解决乡镇所在地和中心村生活污水问题。开展农村黑臭水体整治。支持农民群众开展村庄清洁和绿化行动，推进"美丽家园"建设。鼓励有条件的地方对农村人居环境公共设施维修养护进行补助
2021	中央一号文件	实施农村人居环境整治提升五年行动，分类有序推进农村"厕所革命"，加快研发干旱、寒冷地区卫生厕所适用技术和产品，加强中西部地区农村户用厕所改造。统筹农村改厕和污水、黑臭水体治理，因地制宜建设污水处理设施。健全农村生活垃圾收运处置体系，推进源头分类减量、资源化处理利用，建设一批有机废弃物综合处置利用设施。健全农村人居环境设施管护机制。有条件的地区推广城乡环卫一体化第三方治理。深入推进村庄清洁和绿化行动。开展美丽宜居村庄和美丽庭院示范创建活动
	《农村人居环境整治提升五年行动方案（2021～2025年）》	扎实推进农村"厕所革命"，加快推进农村生活污水治理，全面提升农村生活垃圾整治水平，推动村容村貌整体提升，建立健全长效管护机制，充分发挥农民主体作用，加大政策支持力度，强化组织保障

年份	政策名称	内容
2022	中央一号文件	接续实施农村人居环境整治提升五年行动，从农民实际需求出发推进农村改厕，具备条件的地方可推广水冲卫生厕所，统筹做好供水保障和污水处理；不具备条件的可建设卫生旱厕。巩固户厕问题摸排整改成果。分区分类推进农村生活污水治理，优先治理人口集中村庄，不适宜集中处理的村庄推进小型化生态化治理和污水资源化利用。加快推进农村黑臭水体治理。推进生活垃圾源头分类减量，加强村庄有机废弃物综合处置利用设施建设，推进就地利用处理。深入实施村庄清洁行动和绿化美化行动
	《乡村建设行动实施方案》	实施农村人居环境整治提升五年行动。推进农村"厕所革命"，加快研发干旱、寒冷等地区卫生厕所适用技术和产品，因地制宜选择改厕技术模式，引导新改户用厕所基本入院入室，合理规划布局公共厕所，稳步提高卫生厕所普及率。统筹农村改厕和生活污水、黑臭水体治理，因地制宜建设污水处理设施，基本消除较大面积的农村黑臭水体。健全农村生活垃圾收运处置体系，完善县乡村三级设施和服务，推动农村生活垃圾分类减量与资源化处理利用，建设一批区域农村有机废弃物综合处置利用设施。加强入户道路建设，构建通村入户的基础网络，稳步解决村内道路泥泞、村民出行不便、出行不安全等问题。全面清理私搭乱建、乱堆乱放，整治残垣断壁，加强农村电力线、通信线、广播电视线"三线"维护梳理工作，整治农村户外广告。因地制宜开展荒山荒地荒滩绿化，加强农田（牧场）防护林建设和修复，引导鼓励农民开展庭院和村庄绿化美化，建设村庄小微公园和公共绿地。实施水系连通及水美乡村建设试点。加强乡村风貌引导，编制村容村貌提升导则

资料来源：根据历年政策文件整理。

从 2018 年数据来看，我国农村人居环境总体整治水平较为滞后，全国有近 1/4 的村生活垃圾没有得到收集和处理，使用无害化卫生厕所的农户比例还不到一半，80% 的村庄生活污水没有得到处理（余欣荣，2018）。农村人居环境整治工作是实现乡村振兴的第一场硬仗（农业农村部，2018）。但随着农村人居环境整治工作的全面推开，2018 年以来，三年行动目标任务如期完成，截至 2021 年底，全国农村卫生厕所普及率超过 70%，其中，东部地区、中西部城市近郊区等有基础、有条件的地区农村卫生厕所普及率超过 90%；累计改造农村户厕 4 000 多万户；全国范围内农村生活垃圾进行收运处理的自然村比例稳定保持在 90% 以上；农村生活污水治理率达 28% 左右。全国 95% 以上的村庄开展了清洁行动，农村脏乱差面貌明显改观，村

庄环境基本实现干净整洁有序；各地区立足实际打造了 5 万多个美丽宜居典
型示范村庄①，人居环境整治行动取得了显著成效。但由于我国农村地区人
居环境基础薄弱，城乡二元结构的影响使得农村地区人居环境总体质量仍有
很大的提升空间，进一步提高和巩固现有的治理成效，对于推进乡村振兴高
质量发展至关重要。三年整治行动不是终点，而是新的开始，未来农村人居
环境整治工作干什么？怎么干？干成什么样？2021 年底印发的《农村人居
环境整治提升五年行动方案（2021～2025 年）》和《乡村建设行动实施方
案》为我国"十四五"时期持续推进农村人居环境整治行动提供了具体的
行动指南。在这样的背景下，本书对农村人居环境整治展开系统研究，研究
农村人居环境整治的理论基础，分析当下中国农村人居环境整治的现状与问
题，对农村人居环境整治的效果进行实证评估，充分借鉴国内外农村人居环
境整治的成功经验，提出了下一步有效提升农村人居环境整治质量的对策建
议。本书的出版恰逢其时，具有重要的理论和现实意义。

1.2 国内外相关研究的学术史梳理及研究动态

1.2.1 学术史梳理

农村人居环境的研究最早源于人居环境的研究，以霍华德（Howard）、
盖迪斯（Geddes）、芒福德（Mumford）和道萨迪亚斯（Doxiadis）等为代表
的学者为人居环境研究奠定了基础。霍华德（1898）最早提出构建"田园
城市"，盖迪斯（1915）从生态学视角出发，对人与环境关系、居住与地区
关系及城市发展和演变过程中的动力进行研究，芒福德（1961）主张自然
环境与人工环境相结合以及城乡相结合，道萨迪亚斯则在 20 世纪 50 年代率
先提出了"人类聚居学"的概念，自此人居环境开始逐步进入系统研究阶
段。国内对于人居环境的研究最早始于吴良镛院士，其研究为国内人居环境

研究奠定了理论基础。吴良镛（1993）首次提出建立人居环境科学，随后大量学者从地理学、城市规划、生态学、社会科学等视角研究了人居环境问题。国内对农村人居环境研究始于 2000 年之后，但并不是研究热点，直到国家乡村振兴战略发布之后，才真正成为学界所关注的热点问题。

1.2.2 研究动态

1. 农村人居环境研究

因发达国家城乡差距较小，国外专门对农村人居环境的研究相对较少且不成体系，部分文献研究了乡村聚落的发展、影响因素、作用等。如梅修（Mayhew，1973）分析了德国不同时期乡村聚落形态和土地利用情况，邦思（Bunce，1982）分析了城市化、工业化和商业化对乡村聚落的影响，黛菲（Duffy，1983）、古德温等（Goodwin et al.，1984）分别对爱尔兰和美国的乡村聚落生活模式进行了影响因素分析。萨普科塔（Sapkota，2018）分析了农村道路交通、饮水和灌溉等设施会影响尼泊尔农民的福利水平。安贝（Ambe，2011）介绍了喀麦隆政府和非政府组织帮助农户参与改造农村人居环境建设。马佐夫舍和莫佩尔瓦（Mazvimavi and Mmopelwa，2006）分析了南非农户对使用安全饮用水的支付意愿。综上，外文文献并未就农村人居环境整治模式及机制创新展开系统研究。

国内文献对农村人居环境的研究可高度概括为两类：（1）尝试从理论高度构建农村人居环境系统的理论体系。宁越敏（1999），赵之枫（2001），胡伟等（2006），祁新华等（2008），李伯华、曾新菊、刘沛林等（2008~2018）从不同视角构建了农村人居环境的构成与内涵、动力机制、系统特征、优化原则等。（2）从农村人居环境现状出发，指出问题，分析影响因素，进行质量评价及国际经验借鉴等研究。如谢媛宇（2010），朱琳等（2014），鞠昌华等（2015），赵培芳等（2015），徐顺青等（2018），于法稳等（2018~2019）、廖卫东、刘森（2020），蒋惠中、史瑶（2021），刘晓茹（2022），张诚、刘旭（2022）定性指出农村人居环境存在投入不足，基础设施配备不齐，配套的经济、技术管理政策体系不完善，治理质量监管缺位、治理水平差、主体和过程碎片化，治理技术的空间适应性差，市场机制不健全，社会资本、农户参与积极性不强，村干部村民环保意识弱，各治理主体之间的博弈带来的人居环境规制失灵等问题。朱彬、马晓冬（2011），周侃、蔺雪芹（2011），刘春艳等（2012），杨兴柱、王群（2013），郜彗等（2015），孔德政等（2015），游细斌等（2017），唐宁等（2018），顾康康、刘雪侠（2018），李陈等（2019），孙慧波、赵霞（2019），马军旗、乐章（2020），梁晨等（2021）通过建立不同的评价指标体系来评估不同地区农村人居环境质量，并分析其主要影响因素。王成新等（2005），杨锦秀、赵小鸽（2010），邵书峰（2011）等分析了农民工外流、"空心村"等因素对农村人居环境改善所造成的影响。另外，张春阳（2014）、史磊等（2018）、赵广帅等（2018）、贾小梅等（2019）介绍了德国、日本、韩国及欧盟农村人居环境建设的经验借鉴。综上，国内对农村人居环境整治模式及机制创新研究仍较少，处于起步阶段。

2. 农村环境治理研究

基于研究目的，可将农村环境治理的相关文献高度概括为表 1 - 2 所示的两大类：（1）从农村环境治理现状出发，分析问题、探究原因及其影响因素，并进行相应的对策分析。（2）对农村环境治理模式进行研究。已有研究对农村环境治理存在的问题、原因、影响因素等的探讨较为深入，在治理主体和模式方面，我国农村环境治理主体已经从一元转为多元，进入多元共治时期（戚晓明，2018），纳入多元主体以打破陈旧的治理模式，已成为学术界的共识（叶大凤、马云丽，2018），但对于多元共治模式的相关理论及其机制创新研究仍有待更为系统的研究。

表 1 - 2　　　　　　　　农村环境治理相关文献的系统梳理

文献类型	代表人物	核心观点
Ⅰ类文献：分析农村环境治理发展现状、存在问题、影响因素、整治效果，提出促进农村环境改善对策建议	陈琳（2010），侯俊东、吕军等（2012），罗万纯（2014），冯亮（2016），马琳（2017），李佐军（2018），张萍（2019），王泽超、高尚（2020）等	农村环境问题：表现为农业面源污染、农村水质污染、空气噪声污染、生活垃圾污染、工业转嫁污染等五类；农村饮用水水质、厕所无害化程度、清洁可再生能源使用及生活垃圾和污水处理等有待提高

文献类型	代表人物	核心观点
Ⅰ类文献：分析农村环境治理发展现状、存在问题、影响因素、整治效果，提出促进农村环境改善对策建议	李建琴（2006），刘兆征（2009），李书舒等（2012），乐小芳、张颖（2013），王娅丽（2014），姚志友、张诚（2016），沈费伟、刘祖云（2016），闵继胜（2016），杜焱强、刘平养等（2016），韩玉祥（2021）等	农村环境污染严重的原因：管理主体缺乏、行政管理适用范围较小、成本高、农户环保意识淡薄、主动性缺失、规划与法律的缺乏、政府职能不清、企业忽视社会责任、损害救济方法单一、农户偏重经济利益、环保基础设施差、政策目标导向等
	黄季焜等（2010），李君等（2011），周侃、蔺雪芹（2011），刘莹等（2012；2014），仇焕广等（2012），何可等（2015），胡卫卫（2019），李冬青等（2021）等	实证分析影响因素：乡镇企业发展、城镇化、环保人员数量、资金投入、补贴发放、制度约束、农户特征、相关政策、设施配置等
	李建琴（2006），李兵弟等（2007），杜焱强、刘平养等（2016），冯亮（2016），赵霞（2016），唐江桥、尹峻（2018）等，孙慧波、赵霞（2019），李冬青、侯玲玲、闵师、黄季焜（2021），齐琦等（2021），许亿欣等（2022）等	对策建议：发挥财政引导作用、增强社会资本力量、促进农村产业发展、提高环保意识、加大投入、完善公共环境设施、完善相关法律法规、统筹规划、优化农户参与渠道、根据地区发展状况设置差异化治理措施等
Ⅱ类文献：农村环境治理模式分析	宋言奇、申珍珍（2017），范和生、唐惠敏（2018），李颖明等（2011），廖卫东、刘淼（2020），冷波（2021）等	自治模式：指出我国农村环境治理长时间内以"自治"形式展开，形成了"内生自主型治理"模式，对农村环境自主治理提出建议
	余克弟，刘红梅（2011），乐小芳、张颖（2013），肖萍、朱国华（2014），张国磊等（2017），王瑜（2021），吴文旭、蒲玥（2022）等	政府治理模式：存在制度忽视、投入不足、问责不力、村民、企业缺乏参与积极性、"政府失灵"等问题，并对未来政府在农村人居环境整治中的职能与功能提出建议
	贾康、孙洁（2006），郑春美等（2009），周正祥等（2015），傅晶晶（2017），杜焱强等（2018～2019），苏芳（2021），刘勇（2021）等	市场治理模式：在农村污染治理问题中引入市场主体，建立完善的付费机制，分析将PPP模式引入农村环境治理的可行性、必要性及障碍等
	姚志友、张诚（2016），吴宁蓉等（2012），张俊哲等（2012），肖萍等（2014），张诚等（2018），何奎寿（2018），戚晓明（2018），叶大凤、马云丽（2018），樊翠娟（2018），石超艺（2018），杜焱强等（2019），吕建华、林琪（2019），陈水光等（2020），张志胜（2020），胡洋（2021）等	多元共治模式：提出政府主导型、市场治理型、社区治理型、自主治理型四种模式，分析利弊，主张构建包括政府、企业和社会等在内的多元共治体系，提升农村环境治理能力，实现政府有限主导，市场积极介入，社会精准参与

同时，由于农村人居环境概念广泛、内容丰富，而不同治理方向的治理现状、存在问题、影响因素等方面又存在着不同，为对现有农村人居环境各方面治理情况进行更为详细的分析，不少学者们根据农村人居环境所包括的具体内容，从农村生活垃圾治理、厕所改革、生活污水治理、村容村貌建设四个方面入手进行了深入的探究。具体内容如下：

（1）农村生活垃圾治理。

在新冠疫情持续蔓延的背景下，农村生活垃圾治理显得尤为重要（李厚禹等，2020）。我国初步建立了农村生活垃圾"村收集、镇运转、县处理"的治理模式，强调生活垃圾源头分类减量、资源化处理利用。但是，存在农民群体环境意识较弱（宋言奇，2010；孙琪，2018；孟小燕等，2019）、乡村归属感减弱（伊庆山，2019）、资金缺乏导致设施建设不完善（连宏萍等，2019）、有关部门缺乏协调和共同推进机制（王毅等，2019）、垃圾处理效率低下（赵晶薇等，2014）、收运体系不完善（高庆标等，2011；郑凤娇，2013；王君，2017）、处理端市场化不足（Zeng C. et al.，2016；曹娜等，2009；黄巧云等，2014；王伦等，2008）等问题导致垃圾处理效果并不理想。

在分析了农村生活垃圾治理存在的问题和困境之后，为了进一步提高农村生活垃圾的治理效率，学者们也愈加关注农村生活垃圾治理模式的梳理，关注农户、政府、第三方、居民自治组织等主体之间的相互关系。鲁圣鹏等（2018）对比分析了浙江地区不同的垃圾治理模式，认为综合治理模式和城乡一体化管理模式相较于其他模式更为有效。也有学者认为政府主导、市场介入、社会参与的多中心多主体治理模式是满足现在农村生活垃圾治理需求的有效治理模式（樊翠娟，2018），但也有一些学者认为农村生活垃圾治理模式需要因地制宜。如贾亚娟等（2019）基于陕西部分地区的实践调研，指出农村生活垃圾分类治理模式包含"政府＋市场""政府＋农村社区""政府＋农村社区＋农户""政府＋市场＋第三部门＋农村社区"4 种模式，具体采取哪种模式，要因地制宜。姜利娜、赵霞（2020）依据多种理论基础，将农村生活垃圾分类治理分为村民自主供给、政府供给、市场供给和多元共治 4 种治理模式，通过对各种模式利弊的比较，认为 4 种模式各有利弊，适用条件也不尽相同，应当因地制宜地选择农村生活垃圾治理模式。

作为农村生活垃圾治理的重要参与主体，村民参与生活垃圾治理的意愿或行为对最终的治理成效具有较大的影响，学者们也非常关注这一问题，近年来对于其影响因素的研究逐渐丰富。首先，村民参与生活垃圾治理意愿的影响因素主要包括：个人和家庭特征因素，如性别（Tindall，2003；Subash，2010）、年龄（Martin et al.，2006）、受教育程度（戴晓霞等，2009；邹彦等，2010）和收入（王常伟，2012）；主观规范，如对受访者而言比较重要的其他人，包括家人、邻居、朋友等的态度和行为对受访者产生的影响（Aberg et al.，1996；Bratt，1999；唐林等，2017）；认知，态度和便利性（Joseph，2006；Minn et al.，2001；王瑛等，2020；唐洪松，2020）；信息接受能力（Terazono et al.，2005；刘春霞，2016；徐林等，2019；刘余等，2021）等。其次，仅停留在研究村民参与生活垃圾治理意愿层面，对于村民的实际行动了解还不够透彻，为此众多学者进一步对村民参与生活垃圾治理实际行为的影响因素进行了研究，从微观角度来说，主要包括：个体特征因素，如年龄（陈飞宇，2018）、性别（王晓楠等，2019）、居住地视角（闵师等，2019）、学历（梁增芳等，2015）、社会地位（王璇等，2020）、生活习惯（Gu et al.，2015）、收入（李玉敏等，2012）等；环境态度（Monroe et al.，2003；Tonglet et al.，2004；王瑞梅，2015）；环境感知（贾亚娟等，2020；王玉君等，2016；王学婷等，2019；毛馨敏等，2019）；环境认知（Gambarj et al.，1994；王瑛等，2018；吴大磊等，2020）；村庄归属感（L. U. et al.，2008；Shimada et al.，2015；李芬妮等，2020；唐林等，2019）等。宏观角度的主要因素包括：基础设施建设（曲英等，2010；康佳宁等，2018；闵师等，2019；Zeng et al.，2016）；社会资本（杨金龙，2013；何可，2015；许增巍等，2016；韩洪云等，2016；崔亚飞，2018；蒋培，2019）；社会规范（于潇等，2013；陈洪连，2019；郭清卉等，2020）；宣传教育（Sinclair，1987；陈绍军等，2015；尹昕，2017）；激励与惩罚（Reid，2000；Ali et al.，1999；Minn，2001；Hardesty，2012；蒋培，2019；黄炎忠等，2021）等情景因素。同时，近年来依托计划行为理论建立中介效应模型的研究也比较多，多数研究将宏观情景影响因素作为中介变量，研究意愿与行为的衔接，如曲英等（2010）认为即便居民具备了较高的行为意向，但如果情境因素如设施、服务等跟不上，居民的行为意向仍然很难转化为具体行为。康佳宁等（2018）发现基础设施、宣传、法律法规是意愿和行为衔接的重要影响因素。白峻恺（2019）发现在诸多影响因素之下，政府法律管制对农民生活垃圾分类行为的影响最大。畅倩等（2021）实证分析了行为态度、主观规范、感知行为控制和其交互项对农户生态生产意愿与行为背离的影响。

（2）农村"厕所革命"。

农村"厕所革命"作为改善民生与农村人居环境，建设美丽生态宜居乡村的重要内容，在目前的推进过程中取得了重大成效，卫生厕所普及率全面提升（杨旋等，2018），但是也随之出现了各种各样的问题。市场机制不完善（钟格梅，2018）、资金不足、设备陈旧（王宇，2012）、布局不合理（黄刚等，2021）、改厕技术不到位（李彬倩等，2021；李梦婷，2021）、政府监管不力（张姣妹等，2019；范彬等，2019；朱武等，2021）、缺乏因地制宜的建设和运行模式（沈峥等，2018）等问题是我国"厕所革命"进程发展不足、不平衡的主要原因。同时，村民思想认识不足（吴宗璇，2018；刘小铭，2021）、缺乏激励机制（李星颖，2020；赵国正，2021）、收入水平低、健康知识缺乏、环境卫生态度和个人卫生行为不够端正（苗艳青等，2012）、主体性参与深度不足、主体性参与缺乏持续性（张明鑫等，2020）等因素都影响了村民对于厕所改造工程的支持力度。

为解决此类问题，从乡村治理角度出发，一些学者提出实行多元主体共同治理的方式，从完善章程制度、实现信息共享、建立相应机制、进行互惠合作等方面促进多元主体的协同配合（刘宝林，2019；姜胜辉，2019；龚原，2019；刘彦武，2020；李晓玉等，2021），促进我国"厕所革命"向前推进。另外学者们还分别从管理方式、改厕技术和治理模式三个方面提出了促进"厕所革命"进程的建议。在管理方式上，学者提出建立农村厕改的管理、法规等保障措施（刘俊新，2017），在"厕所革命"的运维管理中引用互联网技术，进行更加高效便捷的信息化管理（吕明亮等，2017），加大资金投入、完善市场机制、加强技术指导、提高居民主人翁意识和健康卫生意识（李治邦，2018；郭思琪，2021）；在改厕技术上，提出须遵循因地制宜原则，重点研发环境友好、节水节电、资源化利用、安全卫生、便于管理的厕所技术（赵伟，2019；吴宗璇，2018），鼓励产学研合作，发展龙头企业，树立典型示范（沈峥等，2018）；在治理模式上，提出推进我国"厕所革命"的多维度治理理念，借助协同治理理论，构建"一主多元"的治理结构，推动建立"党委领导、社会协同、公众参与、法治保障、互助自治、科技支撑"的乡村治理体系（刘宝林，2019）。

（3）农村生活污水治理。

农村生活污水治理是农村人居环境整治的重点任务之一，也是其难点所在。我国污水治理模式研究分为两个视角，从农村生活污水处理模式的角度，分别是分散的、集中的和接入市政污水管网处理模式（王志强等，2012）；从参与主体的角度，分为纳入城镇污水处理系统、纳入企业污水处理厂、连片或联村集中处理、单独集中处理四种模式（王志平、岳秀萍，2015）。于法稳、于婷（2019）将农村普遍采用的生活污水处理模式概括为城乡统一处理模式、村落集中处理模式、农户处理模式三种模式。

学者们还对各模式的污水治理效率进行评价，指出我国目前仍存在相关技术优化和改进的空间大、治理效率亟待提升（王俊能等，2020），责任主体不明确（周凯等，2021），居民参与率低（范彬等，2010）等问题，居民作为最直接的生活污水产生者，影响着农村污水的治理效果，但目前我国关于如何将农民引入到污水治理体系中，又如何发挥他们的作用的研究较少。

（4）农村村容村貌建设。

村容村貌建设是近年来中央一号文件里多次提到的重要内容。目前国内外关于村容村貌的研究主要聚焦在村容村貌设计与规划（吴泽玲、石小波，2019；卢宪英，2019）以及变迁路径（叶强，2021；孙晶、张春鑫，2021）等方面，研究也指出在改造村容村貌的同时，存在着传统布局特色和传统建筑艺术正在消失、缺乏合理的规划引导、农民建设参与率低、基础设施建设相对滞后、制度缺失等问题（刘敏，2011；郭静佳等，2015；刘炳坚等，2016；杨昌玉，2016），学者们也针对此提出相应的对策建议，赵霞、朱巧楠（2014）认为有必要进行配套的街道亮化、环境绿化和墙体美化、村落住房的合理布局等，改善农村面貌，提升观感。从实际看，虽然各地都在积极改善村容村貌，但是尚未形成有效的治理机制。

3. 研究评述

综上，现有文献在农村人居环境整体及各方面的治理现状、问题、原因、影响因素等方面都已取得有价值的成果，奠定了坚实的研究基础。但客观而言仍然存在如下不足之处：第一，在理论层面，缺乏对农村人居环境整治整体的理论分析框架的搭建，较少文献系统回答了为什么要进行农村人居环境整治？由谁来进行整治？如何进行整治？农村人居环境整治具有哪些模式？各模式利弊及其适用条件是什么？以上问题亟待展开系统的理论分析。第二，在实证层面，缺乏从供、需两个层面相结合的视角，对全国各地的农村人居环境整治效果进行系统评价。第三，在研究方法上，仍较为缺乏对具体整治案例的模式、方法、机制等方面的细致刻画。

为此，本书尝试弥补以上几个方面的研究缺口：第一，在理论上，建立起农村人居环境作为一个整体及其治理模式的理论分析框架，系统分析农村人居环境整治的基本逻辑，回答为什么要进行农村人居环境整治工作，谁是农村人居环境整治的主体，进行农村人居环境整治的模式及各模式利弊、适用条件等。第二，在分析视角上，从供需两个层面相结合的视角，利用宏观统计数据和微观调研数据，从生活垃圾治理、厕所改造、生活污水治理、村容村貌整治四个方面客观评价我国农村人居环境整治的质量和供给效果。第三，在研究内容上，努力做到"有破有立"，在指出农村现有人居环境整治模式存在的诸多问题与障碍的基础上，基于多元共治的视角，提出相应的对策建议，促使政府有关部门在综合整治农村人居环境过程中，做到"因地制宜""有理有据"。

1.3　学术价值和应用价值

学术价值：理论层面上，本书尝试建立起农村人居环境整治的理论分析框架，系统回答农村人居环境整治的基本逻辑，分析农村人居环境整治模式的类型、主体权责、利弊及适用条件等。实证层面上，拟采用基于熵值法改进的 TOPSIS 方法、Logit 等计量模型系统评估全国农村人居环境整治效果，进行整治模式与机制创新。研究成果对后续相关研究具有积极的学术借鉴意义。

应用价值：本书将充分利用宏微观数据从供给和需求两侧对我国农村人居环境整治效果进行系统评估，摸清我国农村人居环境整治整体治理状况，现状是什么，存在哪些问题，有哪些治理模式，不同模式各自的利弊，国内外好的经验做法有哪些，最后有针对性地提出相应的对策建议。本书的研究成果可以为政府有关部门提供政策参考，同时对各地的农村人居环境整治实践工作也具有重要的决策参考价值。

1.4 研 究 内 容

本书主要依据 2019～2022 年中央一号文件，以包含"农村生活垃圾污水治理、'厕所革命'和村容村貌提升为重点"内容的农村人居环境整治模式及机制创新作为研究对象，实证评估不同地区农村人居环境整治效果，探究现有模式存在问题与障碍，针对不同地区进行农村人居环境整治模式重构与机制创新。具体研究内容如下：

第一部分，农村人居环境整治的理论分析基础。本书第 2 章从理论出发，按照"为什么要提供—由谁来提供—如何提供"的逻辑体系，来系统阐述农村人居环境整治的理论基础；同时就农村人居环境整治模式进行系统分析，比较其利弊和适用条件，指出了多中心治理理论与中国农村人居环境整治的契合性，提倡采取多元共治的模式进行农村人居环境整治。

第二部分，对我国农村人居环境整治的现状与问题进行深入分析。在第 3 章，首先，基于公开数据和调研数据，从生活垃圾治理、厕所改造、生活污水治理和村容村貌整治四个方面对全国农村人居环境整治整体概况进行了分析，发现近年来，我国农村人居环境质量不断提升，但仍存在突出短板和较大的区域差异。我国仍有接近 10% 的自然村没有生活垃圾集中收运处置服务，仍没有实现垃圾集中收运处理服务的全覆盖；仍有约 72% 的农户没有享受到生活污水治理服务；仍有 18.3% 的村民无法享受卫生厕所服务；仍有接近一半的行政村没有开展村庄整治服务。其次，基于微观调研数据，对京津冀地区农村人居环境整治推进现状和突出问题进行了分析，发现随着政府治理力度的加大，京津冀地区农村人居环境整治工作取得了一定的成效，已经具备基本的硬件设施和制度框架，但也存在一些突出问题。如在垃圾治理方面，存在居民随意乱扔垃圾、垃圾收集运输不及时、垃圾集中处异味问题严重、建筑垃圾不能有效处理的问题；在生活污水治理方面，存在技术不适用、新兴技术采用率低、投入资金大、运维成本高、难以维持的问题；在厕所改造方面，存在不能因地制宜、基础设施不足、改造成本过高的问题；在村容村貌整治方面，存在整治主体动力不足、资金不够、方向不明、监督机制不完善的问题。最后，从参与农村人居环境整治的多元主体出发，分析当前我国农村人居环境整治机制面临的困境与问题。困境的产生与政府、村民、市场以及治理机制等方面息息相关，有待进行体制机制上的重构与创新。

第三部分，对我国农村人居环境整治的效果进行实证评估。在第 4 章，首先，基于公开的统计数据，利用基于信息熵改进的 TOPSIS 法、协调度模型和典型相关分析模型，从供给层面对全国整体以及各省（市）的农村人居环境质量和与经济发展的协调度进行了客观评价。就农村人居环境质量来说，2013～2018 年，全国农村人居环境质量从 0.111 增长到 0.213，增长了1.92 倍，但仍然有较大提升空间；我国地区之间农村人居环境发展差异较大，东部地区整体的发展水平整体处于全国前列，西北地区、东北地区还需要加强。就农村人居环境质量与经济发展的协调度来说，我国整体的农村人居环境整治与经济发展尚处于磨合阶段，只有北京、上海处于高度耦合阶段，甘肃、广西、青海黑龙江处于低度耦合阶段，两者发展极度不平衡。就农村人居环境质量与经济发展的相关性分析来说，经济提升带来收入水平提高，主要正向影响生活污水治理水平和生活垃圾治理水平；城镇化确实正向促进了农村厕所改造和村容村貌水平提升，但是对于生活垃圾治理水平和生活污水治理水平无明显的促进作用。进一步地，为了准确把握近年来农村人居环境整治情况，运用与农村人居环境评价分析相同的定量方法，对 2018～2020 年中国农村生活垃圾治理水平进行评价分析发现，三年内农村生活垃圾治理水平从 0.230 增长到 0.311，增长了 0.35 倍，东部地区的治理水平高于中部地区，西部地区治理水平最低。大部分地区垃圾治理水平与经济发展水平之间耦合度较低，其中黑龙江处于低度耦合阶段，两者发展极度不平衡。典型相关分析则表明，地区收入水平提高促进了垃圾处理参与情况，而城镇化发展则提升了垃圾处理硬件设施。

再次，基于微观调研数据，从需求层面对村民的人居环境质量主观评价进行了测度。村民对农村生活垃圾治理的主观评价水平比较高，且区域差异较小，其中北京均值为 0.482，天津为 0.489，河北为 0.401，天津市最高、北京市居中、河北省最低，这与农村人居环境整治的客观现实存在一定的差距。说明要想获得村民对人居环境整治质量的高度评价，除了要提升农村人居环境整治质量之外，还要了解村民的人居环境整治需求，并加大政策宣传力度，提高村民的主观满意度。通过对影响村民人居环境质量评价的因素进行分析，发现邻里关系、干群关系、干部治理村庄环境的热情会显著影响村民对村庄人居环境质量的主观评价，可见加强农村人居环境硬指标建设的同时，应该不断提高农村居住条件的软环境，尤其是社会关系，创造更加和谐的村庄氛围。同时，在对农村人居环境质量进行验收时，如果通过村民打分的形式进行质量评价，需要综合考虑性别、年龄、邻里关系等个人特征的差异；需要考虑村庄干群关系、干部整治环境等村庄特征的差异，以确保验收结果的准确合理性。

最后，结合供给和需求两个层面，对中国农村人居环境整治效果进行了整体评价，给出了下一阶段农村人居环境整治工作需要重点解决的问题。从宏观供给层面出发的实证研究表明，我国农村人居环境整治的宏观供给能力地区差异较大，部分地区经济发展与农村人居环境整治水平不协调，且农村人居环境整治的四个方面发展不均衡。从微观需求层面出发的实证分析表明在我国农村人居环境整治过程中社会关系、党建引领等因素的重要性，并且农村居民需求与供给出现了不匹配的问题。因此，下一步需要重点解决的问题主要包括以下几点：一是在宏观上农村人居环境整治要逐步缩小东中西部地区间的治理差距；二是要注重农村人居环境整治与地区经济社会发展在高水平层次上的协调平衡；三是要促进农村人居环境整治供需相匹配，勇于纠偏，因地制宜、实事求是地扎实推进农村人居环境整治工作；四是在微观层面具体开展工作过程中，要注重党建引领，充分发挥各方优势，促使农村人居环境整治的过程也成为重建村庄治理机制、重塑官民关系、守卫心灵家园的过程。

第四部分，就生活垃圾治理、厕所改造、生活污水治理和村容村貌整治四个组成部分及农村人居环境整体的发展实践，对国内外成功经验进行了深入剖析和借鉴。第 5 章从农村生活垃圾治理、"厕所革命"、污水治理、村容村貌及农村人居环境整体发展五个方面充分借鉴国内外如美国、日本、德国、加拿大等国家，国内的浙江、江苏、山东、河南等地区的一些具体做法，为我国农村人居环境整治提供经验和启示。

第五部分提出了有效提升中国农村人居环境质量的对策建议。在第 6

章，本书认为，要想有效提升农村人居环境质量，应该统筹全局、注重规划先行；以人为本，充分发挥村民主体作用；因地制宜，创新模式，推广适切技术；创新投融资机制设计，优化资金投入方式；加大激励力度，激发村"两委"监管动力和热情；完善相关立法，执法必严。在《农村人居环境整治提升五年行动方案》和《乡村建设行动实施方案》及 2022 年中央一号文件等政策指引和政府持续推动下，在各主体的积极参与下，下一个五年中国农村人居环境整治将取得更大的成效。

本书的技术路线图如图 1 – 1 所示。

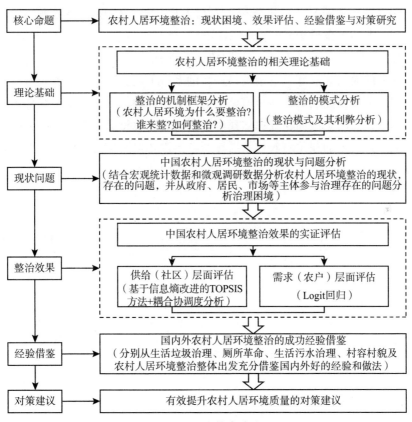

图 1 – 1　研究技术路线图

1.5　本书的创新之处

本书的创新之处有以下几点：

（1）理论分析框架上有突破。前期研究对农村人居环境整治模式及机制构建的理论研究仍处于起步阶段，本书尝试建立起较为系统的农村人居环境整治理论分析框架，系统回答了农村人居环境整治的基本逻辑，为什么要整治农村人居环境，谁来整治农村人居环境，如何整治农村人居环境等一系列问题。在此基础上进一步分析了农村人居环境整治模式的类型、主体权责、利弊及适用条件等。

（2）研究内容上有创新。前期研究缺乏从供需两个层面结合起来，对全国各地的农村人居环境整治效果进行的系统量化分析。本书首先从供、需两个层面分析我国农村人居环境整治的现状与问题，在此基础上结合宏微观数据，从供需两个层面实证评估我国农村人居环境整治效果，找出关键性因素，从多元共治的视角对农村人居环境整治进行机制重构与创新。

第2章 农村人居环境整治的相关理论基础

本章内容主要就农村人居环境的基本概念、具体包含内容、整治基本理论分析框架及治理模式利弊等方面内容展开，从理论上回答农村人居环境是什么？具体包括哪些内容？为什么要进行农村人居环境整治？由谁来进行农村人居环境整治？如何进行农村人居环境整治？农村人居环境整治具体包括哪些模式？其作用机制及利弊是什么？并结合多中心治理相关理论分析多元共治模式与农村人居环境整治的契合性，为后文的实证分析和机制创新奠定坚实的理论基础。

2.1 基本概念

2.1.1 人居环境

人居环境的研究最早起源于城市规划学，国外最早由霍华德（Howard，1898）提出要建设"田园城市"，盖迪斯（Geddes，1915）指出进行城市规划要有"区域观念"，芒福德（1938；1961）主张以"区域整体观"做城市规划，一直到希腊建筑规划师道萨迪亚斯（1950）提出"人类聚居学"，强调把包括城市、乡村等在内的所有人类居住区作为一个整体进行系统的研究，此后越来越多的相关学者开始对人居环境展开系统的研究。随着人口的增多，环境的日益恶化，人们对居住环境日益关注，无论是发达国家还是发展中国家，在人居环境建设方面都面临着这样或那样的问题，如美国、巴西、印度等国家均存在着城市贫民窟，没有受过教育、没有足够住房和卫生医疗设施的人们大量居住在贫民窟里，许多发展中国家人居环境较差，缺乏基本的基础设施建设、自然环境遭到破坏等，在这样的背景下，1977 年 10 月 12 日联合国正式成立了联合国人居委员会，致力于推动全球人类居住区的发展。1978 年进一步成立了联合国人居中心，负责协调人居发展活动，促进全世界人居环境事业的发展。目前该中心主要关注于全世界人类的住房、社会服务、城市管理、环境和基础设施及评价、监测和公布全球人居的相关信息。1996 年联合国在土耳其伊斯坦布尔召开了第二届人居大会，通过了指导全球人居环境发展的纲领性文件《人居议程》。2001 年 6 月联合国在纽约召开人居特别联大会议，通过了《新千年人居宣言》。2002 年联合国成立了联合国人居署，主要致力于加强联合国人居委员会的地位、作用和职能。随着联合国关于人居环境的各类会议、宣言、组织的陆续成立、发展、壮大，全球人类对于人居环境的关注日益增强。

享受优越的人居环境不仅是城市居民的权利，也是农村居民的权利。具体到农村人居环境，1996 年联合国发布的《伊斯坦布尔宣言》中指出，"城市和乡村的发展是相互联系的。除改善城市生活环境外，我们还应该努力为农村地区增加适当的基础设施、公共服务设施和就业机会"。2004 年，联合国世界"人居日"的主题定为"城市—农村发展的动力"，此后创建美好的乡村人居环境也逐步引起世界各国政府、学者等的关注。

国内对于人居环境的关注较晚。1993 年由清华大学的吴良镛院士首次提出在中国建立人居环境科学。吴良镛院士对人居环境进行了概念界定，指出人居环境"是人类的聚居生活的地方，是与人类生存活动密切相关的地表空间，它是人类在大自然中赖以生存的基础，是人类利用自然、改造自然的主要场所"（吴良镛，2001）。进一步地，吴院士把人居环境划分为五大系统，即人类系统、自然系统、居住系统、社会系统、支撑系统，这五大系统相互关联，共同致力于建立更加理想的人类聚居环境。

简而言之，如图 2 - 1 所示，人居环境就是人与自然发生联系和作用的中介，人是主体和核心，居是目的，环境是中介和平台。理想的人居环境通俗而言就是人与自然和谐相处，达到"天人合一"的状态，也即老子提出的"人法地，地法天，天法道，道法自然"。

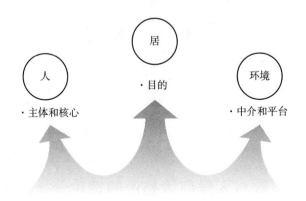

图 2 - 1　人居环境内涵图解

2.1.2　农村人居环境

农村人居环境的基本概念源于人居环境，是农村区域内农民生产生活所需物质与非物质的一个有机结合体，也是一个复杂的、动态的巨系统（李伯华、曾菊新，2009），是农村居民在生产生活过程中，进行居住、教育、耕作、文化娱乐等活动，利用自然以及改造自然所创造的环境（胡伟等，2006），具体可以包括农村环境卫生、住房条件、基础设施、社会服务、经济发展等多个方面。农村人居环境是衡量农民生活质量好坏的重要指标，是乡村振兴战略的重要内容。农村人居环境整治水平的高低直接关系到广大农村居民的身心健康，是确保农民安居乐业、农村和谐稳定发展的重要基础，也是促进我国城乡统筹发展、建设美丽乡村的重要内容之一，关系到我国乡村振兴战略的成败，十分重要。

基于我国当前经济社会发展的阶段，结合 2019 ~ 2022 年中央一号文件精神，本书所研究的农村人居环境主要包括农村生活垃圾治理、"厕所革命"、污水治理和村容村貌提升四项核心内容（具体见图 2 - 2）。

图 2 - 2　农村人居环境四项基本内容

2.2　农村人居环境整治的理论分析框架

在厘清农村人居环境的基本内涵、确定本书所要研究的四项核心内容之后，本部分分析农村人居环境整治的理论分析框架，通过大量的文献检索，在借鉴和吸收前人研究的基础上，本书将采用"为什么要提供—由谁来提供—如何提供"这样的逻辑体系（如图 2 - 3 所示），来系统阐述农村人居环境整治的理论基础。

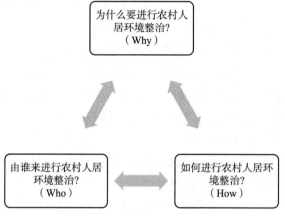

图 2 - 3　农村人居环境理论分析框架

2.2.1　为什么要进行农村人居环境整治

首先，进行农村人居环境整治最根本的原因是由其公共服务的属性所决定的，根据经济学经典理论，公共服务可以划分为纯公共服务和准公共服务。纯公共服务具有非竞争性和非排他性的特征。所谓非竞争性就是指当消费的人数或数量增加而供给成本并不随之增加时，这种产品或服务在消费上就具有非竞争性，在一定程度范围内，每个消费者增加其消费水平并不会影响到其他消费者消费这种产品或服务的消费数量和质量。而非排他性则是指当消费者消费某种产品或服务时，很难把其他人排除在消费的范围之外，就说明这种产品或服务具有非排他性。当某种产品或服务既不具有竞争性也不具有排他性，但又能够满足社会公众的需要时，政府公共部门就需要根据当前的经济社会发展状况，由相关政府部门来提供该种产品或公共服务。而准公共服务则是介于纯公共服务和私人服务之间的一种产品，它在消费上具有一定的竞争性，社会公众在使用该项产品或服务的过程中会产生"拥挤效应"问题，比如农村生活垃圾治理，当产生的垃圾过多，而收运不及时的话，就会存在垃圾围村的问题；而当农村污水产生过多，没有得到有效排污的话，就会形成村庄"污水横流"的现象。这类准公共服务兼具非排他性和有限的竞争性，理论上可以采取政府和市场等多元主体共同分担的原则来进行治理。

其次，从公共财政理论出发，公共财政主要在"市场失灵"领域发挥作用，其收入来源主要来自税收收入，其支出范畴也主要发生在"市场失灵"的领域，为社会大众提供普遍需要的公共产品或服务，来满足社会大众对于教育、养老、医疗、环境等多方面的公共需要。农村人居环境作为准公共服务，理应由公共财政介入，由政府部门提供必要的垃圾治理、污水治理等公共服务。

最后，从社会福利理论视角出发，福利经济学之父庇古认为国民收入是一个国家或地区国民的福利综合，国民收入的总量越大，则社会经济福利也应该越大；国民收入分配越平均，则社会经济福利也应该越大。为此，政府应该对收入分配进行再调节，从而提高国民的总体福利水平。根据庇古的福利经济学理论进行进一步推导，可以得出如下结论：国民收入总量越大，则社会经济福利的公共服务规模也应该越大；公共服务越均等，则社会经济福利水平也应该越高。因此，随着一国或地区公共服务水平发展到一定的阶段，国家还可以通过调节公共服务的结构配置来达到促进社会福利优化的目的。比如在城乡二元结构的背景下，我国农村公共服务水平远远低于城市，则可以通过调节城乡之间公共服务资源的配置，优先增加农村公共服务的供给，从而来提高农村公共服务的水平。特别是党的十九大提出乡村振兴战略之后，国家在公共服务的供给和建设方面大幅度向农村倾斜，这其中就包括对农村人居环境的整治工作，通过农村人居环境三年和未来五年的整治工作，促进农村居民生活福利大幅提高。

综上，农村人居环境整治是一个国家或地区经济社会发展到一定阶段的必然产物。

2.2.2 由谁来进行农村人居环境整治

鉴于农村人居环境介于纯公共服务和准公共服务之间，政府是提供农村人居环境当仁不让的主体，国内外众多学者如萨缪尔森（1954），布坎南（1988），王传伦、高培勇（1998）等认为由于公共服务属于"市场失灵"领域，如果由市场按照利益最大化的原则进行供给，必然会带来公共服务的无效供给和资源的浪费，因此农村人居环境供给的责任应该由政府来承担。

但在政府财力不足的情况下，国家和地方政府允许和鼓励私人部门、社会组织积极参与到地方公共服务的供给中来，从而来满足社会公众不断增加的公共服务需求，我国早在"十二五"规划纲要中就明确提出要"创新公共服务供给方式"，"引入竞争机制，扩大购买服务，实现提供主体和提供方式多元化。推进非基本公共服务市场化改革，放宽市场准入，鼓励社会资本以多种方式参与，增强多层次供给能力，满足群众多样化需求"。因此我国农村人居环境也应该鼓励市场、非政府组织、农户等多元主体的介入，共同整治农村人居环境。

从当前国内外实践经验来看，公共服务、准公共服务供给主体的多元化已经成为一种普遍发展趋势，政府、私人部门与第三部门之间进行资源整合和合理分工，形成以政府为主体、多元主体参与的供给机制，有效整合社会资源，提高资源合理配置效率。多元化的供给机制一方面可以缓解全部由政府来提供公共服务的各方面压力，另一方面也可以通过促进竞争更好地改善公共服务的质量。借鉴国际经验，我国农村人居环境整治也应积极鼓励各类市场主体、农户、社会组织等主体参与进来，因地制宜地共同推进农村人居环境整治工作，促进我国农村人居环境质量的提高和美丽乡村建设。

2.2.3　如何进行农村人居环境整治

在确定了以政府为主体、多方参与的供给机制条件下，需要确定农村人居环境整治的基本原则：

第一，坚持普惠公平的原则。

农村人居环境整治关乎每一位农村居民的生活居住环境，在提供农村居民环境服务的过程中，应该坚持普惠公平的原则，确保每一个农民居民能够享受到大致相同的农村人居环境服务。要避免农村人居环境整治差距过大的现象。

第二，坚持与经济社会发展水平相适应的原则。

享受高水平、高质量的农村人居环境服务是每一个农村居民的权利，是国家应该提供给每个农民居民享受经济社会发展成果的必然结果。但是目前我国仍然处于社会主义的初级阶段，无论是从经济发展水平、政府财力及市场化发育程度等因素来看，都还存在着诸多限制，在提供农村人居环境公共服务进程中，不能要求政府在短期内把各类相关服务所有项目全部普及、全面实施高水平的均等化服务。农村人居环境整治工作应该本着与我国经济社会发展水平相适应的原则，从低水平、广覆盖做起。在推进农村人居环境整治的过程中，区分轻重缓急，优先发展诸如生活垃圾、污水治理、厕所改造、村容村貌提升等最为基本的公共服务，并不断提高其发展水平，最终实现所有相关农村人居环境服务的均等化。

第三，坚持"政府为主、多方参与"的原则。

根据前文的分析，在进行农民人居环境整治过程中，应该坚持"政府为主、多方参与"的原则，打破政府在公共服务供给上的单一主体地位，适当引入市场供给、第三方供给、混合供给等方式，建立起"一主多元"

的政府服务供给机制。其中政府发挥着主导作用，一方面首先是农村人居环境整治服务规则的制定者，出台相关的法律法规及各类政策，引导、规范并监督其他各类主体，促使农村人居环境整治工作的有序开展；另一方面，在一定条件下，政府同时也是农村人居环境服务的主要提供者，提供包括生活垃圾治理、"厕所革命"、污水治理及村容村貌在内的各类服务。参与提供农村人居环境相关服务的企业和第三方公益性组织要解决好政府解决不好的问题，弥补"政府失灵"的缺陷，从整体上提高农村人居环境整治资源的配置效率，达到满足农村居民多样化需求的目的，促进农村人居环境服务供给结构更加合理、公平、有效。同时农民也是农村人居环境整治工作的重要主体之一，农民参与农村人居环境整治工作的积极性不足，不但会加重基层政府治理的行政和经济成本，也使得村庄难以形成常态化的农村人居环境整治机制，形成"政府干、群众看"的不良局面；因此，要广泛发动群众积极参与到农村人居环境整治工作中来，形成"自己的家园自己建"的良好态势，促使农民在共同推进农村人居环境质量提升的过程中切实转化为真正的获得感和幸福感。

2.3　农村人居环境整治的模式及利弊分析

依据前文的分析，从理论上来追溯，农村人居环境属于公共服务范畴，具体包括农村生活垃圾治理、污水治理、厕所改造和村容村貌提升这四项内容，介于纯公共物品和准公共物品之间，理论上可以由政府、市场、村民和多元主体共同参与整治四种模式。

国内相关研究也从不同模式出发进行了具体研究，如从自组织供给（李丽丽等，2013）、政府供给（余克弟、刘红梅，2011）、市场供给（郑开元、李雪松，2012）和多中心治理（樊翠娟，2018）四个方面研究了农村环境治理服务的供给模式。政府供给农村环境公共服务是目前中国农村环境治理的主导模式，但该模式存在信息不完全、监督成本高等问题（姜利娜、赵霞，2020）。对此，有学者认为可以采取政社互动的模式规避"政府失灵"的困境（张国磊等，2017）。在政府治理和市场化治理两种模式在农村环境治理方面双双"失灵"的背景下，加大培育社会资本（李丽丽等，

2013），实施村庄自主治理成为农村环境治理模式的创新方向（胡中应、胡浩，2016），可以解决农村生活垃圾等内源性污染问题（李丽丽等，2013）。此外，近年来，政府和社会资本合作模式（Public - Private Partnership，PPP）成为社会热点，逐渐被应用到农村环境治理中，但有学者认为该模式需要因地制宜，审慎推进，并且对政府的治理能力提出了更高的要求（杜焱强等，2018）。随着农村环境治理实践的推进，还有学者发现单边治理模式已不能满足新时代农村环境治理的需求，需要构建政府主导、市场介入、社会参与的多中心多主体治理模式（樊翠娟，2018；张俊哲、梁晓庆，2012）。

进一步以农村生活垃圾治理实践为例，姚金鹏、郑国全（2019）根据文献研究认为农村生活垃圾治理模式可以分为政府主导模式、村集体主导模式、村民主导模式和政企合作模式等；贾亚娟等（2019）基于陕西部分地区的实践，认为农村生活垃圾分类治理模式包含"政府+市场""政府+农村社区""政府+农村社区+农户""政府+市场+第三部门+农村社区"4种模式，具体采取哪种模式，要因地制宜。此外，不同的生活垃圾分类治理模式会影响居民对生活垃圾分类工作的参与度（韩泽东等，2019）。相对于单一的政府治理模式，"共治模式"在生活垃圾分类治理方面具有理论创新和借鉴意义（祝睿，2018）。石超艺（2018）对上海市梅陇三村的个案研究发现，"共治模式"在促进居民参与社区生活垃圾治理方面能效倍增。农村生活垃圾治理属于农村公共服务的一部分，运输和处理由于成本高昂，村集体无力供给，一般都需要由政府供给，而生活垃圾的投放和收集可以由村集体自主供给，在理论上农村生活垃圾治理存在村民自主供给、政府供给、市场供给和多元共治4种基本模式（姜利娜、赵霞，2020）。

基于经济学的基本理论、已有相关文献及具体实践，基于主体参与的多寡及程度的不同，本书将农村人居环境整治归纳为四种治理模式，如图2-4所示，具体包括政府治理模式、村民自治模式、市场治理模式和多元共治模式。不同的模式各有利弊，具有不同的适用条件。具体而言如下：

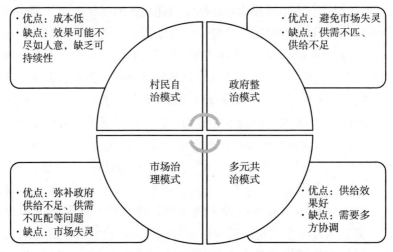

图 2 - 4   农村人居环境整治模式及其利弊

第一，政府治理模式。该模式是最常见的农村人居环境整治模式，由政府来提供所有的相关农村人居环境服务。其优点在于能够有效避免"市场失灵"，在财力雄厚的一些地方，可以提供比较好的农村人居环境服务，比如一些地方政府多措并举可以做到农村生活垃圾收运及时，安装污水管道，全部进行厕所改造，村容村貌焕然一新。但政府治理模式最大的缺陷在于缺乏与村民的沟通，可能会出现供需不匹配的问题，政府所提供的相关农村人居环境服务并不是村民真正想要的，政府常常是"出力不讨好"；另外，对于一些财政紧张的地区，其属于"吃饭财政"，常常是一些部门连工资发放都比较紧张，在这种情况下，很难提供条件优越的农村人居环境服务，造成农村人居环境服务供给不足的不良后果。该模式适用于政府主管官员对农村人居环境整治工作比较重视，并且政府治理能力比较强，对各主体各环节有完善的监督考核制度，并且能通过引入竞争机制和奖罚措施激励各政府部门积极参与农村人居环境整治的地方。

第二，村民自治模式。该模式由村民自己来进行农村人居环境整治，属于自发自助的一种模式。其优点在于成本低，村民自己知道自己需要什么样的服务，能够在一定条件下满足村民的有效需求。村民自治模式的出现，常常是因为村里涌现出一个或一批"能人"，他们不畏艰难，能够多年坚持推动村里的具体农村人居环境整治项目，比如农村生活垃圾治理，在不断坚持的过程中，逐步获得村民的理解和拥护，逐渐取得了一些成效，减少了村庄垃圾围村、垃圾焚烧等环境污染行为。而该模式的主要缺陷则在于缺乏资金支持，主要靠村民自筹，通常很难达到高质量、高水平的农村人居环境整治水平；另外，一旦"能人"离开村里或者因为其他变故，则该模式常常由于"后继无人"而难以为继。该模式适用于党建基础好，村"两委"群众基础好，有号召力，能组织全体村民参与生活垃圾分类的村庄，并且需要获得上级有关部门的支持，能够把村庄分好类的垃圾及时清运，确保农村人居环境整治的长效运行。

第三，市场治理模式。该模式由提供环境治理的市场主体介入提供具体的农村人居环境整治服务，比如农村生活垃圾治理，由企业来提供相应的收运服务，能够有效弥补政府供给不足、供需不匹配等"政府失灵"的问题。但该模式也存在缺陷，主要问题在于会存在"市场失灵"的问题，企业的最终目的是追逐更高的利润，当推进一些具体农村人居环境项目有利可图时，企业就会更加积极主动，提供到位的市场服务；而如果一些项目利润很少甚至是很难赚钱，企业就会"主动往后撤"，本着节约成本、追求利润最大化的原则来提供相应的农村人居环境服务，其供给效果也不尽如人意。市场治理模式通常适用于政府有购买第三方服务的资金支持，并且有较强的治理能力，对企业有严格的监督考核制度。另外，市场竞争要较为充分，可供政府选择的企业相对比较多，以避免由于缺乏市场竞争力企业提供相关服务时不尽心尽力。

第四，多元共治模式。该模式主张政府、市场、村民等多元主体共同参与，其中政府发挥主导和监督作用，企业提供市场化服务，村民积极进行垃圾分类等力所能及的事情，积极参与其中，共同推进农村人居环境整治工作。如果各方主体各负其责，充分发挥了各自的主体作用，通常采用多元共治模式会达到较为理想的效果，垃圾收运及时，厕所改造效果良好，污水治理有效，村容村貌会得到极大的提升。但其主要缺陷则在于该模式需要拥有良好的协调机制，能够把政府、市场、村民等多元主体很好地协调组织起来，各负其责；否则，一旦协调机制出现问题，可能会出现政府和市场相互推卸责任的不良后果。该模式适应于村"两委"、地方政府、市场都有一定的资源优势，各自能够在农村人居环境整治不同项目、不同环节发挥监督优势、资金优势、管理优势和技术优势，而村民也具有一定的积极性，愿意参与到相应的农村人居环境整治工作中。

鉴于当前我国农村人居环境整治工作涉及多项任务和多方利益，同时党的十九大报告提出积极构建"政府为主导、企业为主体、社会组织和公众共同参与的环境治理体系"，2022 年 5 月的《乡村建设行动实施方案》中提到要鼓励引导民营企业、社会组织、公民个人投入乡村建设，理论界提出了农村环境由"政府—市场—社会"多元主体共同治理的理念与合作治理模式。以多元共治的理念建立政府、村集体、村民以及相关企业等各方参与的模式，是顺利推进农村人居环境整治三年行动的关键举措之一（余池明，2018），也是正在进行的农村人居环境整治提升五年行动的最为主要的整治模式。

2.4　多中心治理理论视角下的农村人居环境整治

2.4.1　多中心治理的内涵

"多中心"最早由迈克尔·波兰尼在《自由与逻辑》一书中提出，主要用以描述经济领域的"计划性管理"。20 世纪末，著名学者奥斯特罗姆夫妇对"多中心"进行补充完整并带入社会治理领域研究，由此逐步建立多中心治理理论（王珊，2020）。

传统的理论认为，由于"经济人"一味地追求自身利益最大化，使公共资源遭到过度使用，从而导致"公地悲剧"；再如每个囚徒从自身利益出发所选择的"占优策略"而导致个人最终并未得到最佳选择，这些都是单纯依靠政府或市场行为所产生的困境。而多中心治理理论认为公共问题的治理不应该单单依靠政府，还应包括市场、公众、社会等，即"多中心"指的是多个主体共同参与治理公共事务、提供公共服务。政府从以往的公共物品唯一提供者和公共服务唯一服务者转变为其中一个主体，扮演着中介者和间接管理的角色。各主体之间明确各方职责范围，相互协商、互相配合，形成完善的合作帮扶机制参与到公共问题治理过程中，有效减少了"搭便车"行为，并且能够更加科学合理地制定决策计划。各治理主体充分运用所拥有的资源，不断提高治理能力，优化资源配置，这样有助于政府、市场、社会、公众之间进行有效协同共治，进而产生"1+1＞2"的效应。多中心治理理论打破了单边治理和一元治理的传统模式，倡导治理权力分散至多个治理主体手中，对其他主体手中的权力进行了扩张。以实现公共利益最大化为治理的主要目标，通过各方博弈的方式，提高治理水平。

在农村地区进行多中心治理，可以有效减少政府对农村社会事务的参与管理，积极促进企业、村委、村民等自治力量在农村公共事务领域发挥作用，这不仅可以降低政府的资金和管理成本，还有效改善基层治理水平，将农村问题留给农村内部解决，缓解基层矛盾，促进农村地区可持续发展。

2.4.2　多中心治理的主体

多中心治理理论是多元主体，即不再是由单一主体管理执行公共事务、提供公共服务，而是由政府、企业、个人、非政府组织共同治理，各主体彼此相互协调合作，有序分工但又相对独立，各司其职进行多元共治。

1. 政府

在多中心治理过程中，政府不再是公共事务的唯一治理主体，而是和企业、个人、非政府组织协力合作，各主体之间通过竞争和合作保障服务质量、降低管理成本、推动工作开展。在该过程中，政府不再像以往那样下达工作安排计划，而更像是一个协调组织者和中介者，从原来的单一中心治理转变为合作治理。政府先构建一个宏观框架，在整体布局中承担起宏观调控的角色，会同其他治理主体共同制定政策文件、工作计划和行为准则，不仅仅通过法律手段，还会通过鼓励、奖补等其他行政手段为治理过程提供引导，调节各主体之间问题冲突，积极促进信息流通。

2. 市场

随着经济社会水平的飞速发展，现代社会的生产力水平也在快速提高，政府是公共物品的供给者，而市场则是公共物品的生产者，企业作为"理性的经济人"，通常以追求利益最大化为重要目标，因此对于公共物品的生产也会遵循逐利原则，这将提高公共物品的使用效率，进而促进公共物品的生产，进一步提高公共物品在市场内的产业运转效率，因此市场是多中心治理中的重要主体。

3. 个人

治理的最终目的是增加公民福利，提升公民幸福感，因此应该由个人或公民代表组成的团体来参与治理，实现公民权利。对于与自身息息相关的事情，个人更加愿意参与进来，本着自身利益最大化的角度来考虑公共事务治理措施，并且参与到规章制度的制定和落实工作中。

4. 非政府组织

在公共事务的治理中，传统的单纯依靠政府的思路无法很好解决治理问题，而仅依靠个人或市场从利益最大化的角度出发可能造成非理性的后果，往往因为注重个人利益而忽视了公共事务的利益，因此非政府组织介于两者之间，既没有政府纯粹的管理，也没有个人和市场过于追求利益，一些非政府组织的环保团体、公共资源管理组织通过经济合作或自由协调等方式，能够更加高效地完成公共事务治理。

2.4.3 多中心治理的特点

1. 治理主体多元化

由于自上而下的层级治理模式、利益最大化为主要目标的市场治理模式已经无法适应当今社会的发展要求，单一地依赖某个主体、依靠某种模式来进行公共事务的治理已经无法跟上时代需求，因此多中心理论打破了单一主体治理格局，形成了一个由政府、市场、社会、个人共同组成的多元主体治理体系，要求各治理主体之间要相互协调、互相配合，这些主体围绕相同问题，按照特定标准，自由表达诉求，积极对话协商，共同参与治理，相互查漏补缺，从而满足社会公众的多种需求，促使公共事务的服务质量和服务效率得到大幅提升。为此，以支持"权力分散、管理叠加和政府市场社会个人多元共治"为特征的多中心理论就成为了既能满足社会公众的需求，又能很好地提高功能公共服务质量和效率的理想模式。

2. 强调自主治理

多中心治理本质上就是一群相互依存的主体自发地组织起来，围绕一个特定的公共事务，按照多方主体共同认可的原则，相互协调、互相配合，采取灵活变通的、多样化的集体行动组合，寻求公共事务的最佳解决方案。通过共同治理，制定共同利益目标，以克服"搭便车"、回避责任以及机会主义等问题的出现。

3. 制度安排约束

要想实现有效的多元共治，集体行动规则的制定和建立必不可少，多中心治理涉及多个主体，因此更应建立相适应的制度安排规范各方主体的行动。多中心治理的制度安排涉及组织建立、实施行动、后期评估等，是一个长期的、渐进的过程，因此治理制度的设计、运作、评估和完善也应尽量科学合理，制度内容应尽量包括操作、主体、立法等各个层次。

4. 治理目标人性化

多中心治理不只关注经济增长，还关注社会发展、生态环境、公民利益、各方需求，将公共事务的治理权和参与权更多地赋予政府以外的其他主体，将实现共同效益最大化作为重要目标，政府自身的评估不再是公共事务绩效的唯一评判标准，社会效益和工作满意度也会成为服务效率的评判指标。

2.4.4　多中心治理的优点

一方面，在多中心治理环境下，各方主体都要求追求共同利益最大化，由于彼此需求不同，自身所追求利益也不同，因此各主体将会展开竞争，难免会出现冲突。在此环境下，没有一个最高的权力机构来规定、约束所有主体之间的关系，需求方和供给方之间可以通过竞争或协商对话的方式来解决冲突，而不是由政府直接解决，约束各治理主体的制度安排可以使公共产品或服务的需求与供给更加透明可见，可使竞争过程更加公平公正，有效地形成公开竞争、协商对话、解决问题的合理机制。

另一方面，在一般的市场交易过程中，需求方与供给方只有在产生交易时才会互相对话，在交易还未发生时，需求方不能保证物品质量，仅靠供给方口头承诺，这对需求方产生较大风险。而在多中心治理过程中，需求方和供给方均参与公共产品的生产，供给方可以积极制定工作计划，需求方也不再被动等待，产品生产过程透明化，因此能够有效保证产品和服务的质量。

2.4.5　多中心治理与农村人居环境整治的契合性

1. 合作共治为农村人居环境整治提供价值目标

多中心治理理论提倡政府、市场、非政府组织、个人等多元主体共同参与公共服务的提供与治理，以满足社会公众的现实需求、实现社会公众共同利益最大化为价值导向，最终实现公共服务供给效果的最优化。而农村人居环境整治与农民自身的利益息息相关，其根本目标是为了改善广大农村居民的生活环境、提高农民的生活水平、达到"生态宜居"的目的。因此多中心治理与农村人居环境在治理理念和目的上不谋而合，具有很强的契合性。然而在当前的人居环境整治过程中，仍然存在村民环保意识较弱、市场逐利优先、政府过于注重经济增长而忽略环境保护，或由政府单方面提供的公共服务并不是农民想要的公共服务，从而导致供需不匹配等一系列问题，因此多中心治理倡导多个主体公共参与，以实现社会公众需求为价值目标，通过"合作—竞争—合作"的方式，进行农村人居环境整治十分具有理论和现实价值。

2. 治理主体多元化为农村人居环境整治提供必要保障

多中心治理理论的最大优势主要体现在由多个主体共同参与治理某项公共事务，打破了政府一元治理的治理结构，构建起多个主体参与的多维治理格局。在完整的治理框架中，由多个主体来共同承担农村人居环境整治的责任，政府和其他主体之间相互协调，各主体明晰自身定位，建立起一套中央至地方、市场与公众共同参与的管理协调框架，各主体将人居环境整治所需的人力、财力、物力、信息等资源进行整合，构建资源共建共享机制，有效激活乡村治理潜能，降低环境治理成本，保障农村人居环境的高效治理。

3. 信任与制度为农村人居环境整治提供良好保证

在农村人居环境整治过程中，多元治理主体由于共同的价值目标产生的良好合作关系与相互信任，使得可以较为平稳地应对不确定情形下出现的各种风险。在传统农村"熟人社会"氛围下，信任被人情关系所取代，此时多中心治理过程中制定的村规民约可以有效起到规范作用，有利于实现农村人居环境共同治理的合理化和民主化。

2.5　本 章 小 结

本章核心内容主要包括以下三项：

第一，界定了农村人居环境的基本概念和研究范畴。结合农村人居环境的基本理论，基于当前我国经济社会发展的阶段，结合 2019～2022 年中央一号文件精神，本书所研究的农村人居环境主要包括农村生活垃圾治理、"厕所革命"、生活污水治理和村容村貌提升四项核心内容。

第二，建立了农村人居环境整治的基本理论分析框架。构建了"为什么要进行农村人居环境整治→由谁来进行农村人居环境整治→如何进行农村人居环境整治"的三维理论分析框架。农村人居环境属于公共服务，介于纯公共服务和准公共服务之间，可以由政府、市场、村民及其他多元主体来共同进行农村人居环境整治；在整治过程中要坚持普惠公平、与经济社会发展水平相适应、坚持"政府为主、多方参与"等基本原则。

第三，分析了农村人居环境四种整治模式及其利弊和适用条件。具体包括政府治理模式、村民自治模式、市场治理模式和多元共治模式。不同的模式各有利弊，适用条件也不同。但鉴于当前我国农村人居环境整治工作涉及多项任务和多方利益，以多元共治的理念建立政府、村集体、村民以及相关企业等各方参与的模式，既是顺利推进农村人居环境整治三年行动的关键举措之一，也是正在进行的农村人居环境整治提升五年行动最为主要的整治模式。

第四，鉴于多元共治模式是我国政府大力倡导也是当前最为主要的一种治理模式，本章内容进一步分析了多中心治理理论。具体包括多中心治理的内涵、主体、治理特点及其与农村人居环境整治的契合性。鉴于农村人居环境整治包含生活垃圾治理、厕所改厕、生活污水治理、村容村貌整治等"多中心"治理任务，涉及政府、市场、村民、非政府组织等多元治理主体，根据多中心治理理论，要完成多中心任务应该保障治理主体多元化、治理过程自主化和秩序化，这样才能实现治理结果的高效化。在农村人居环境整治中也应该使包括政府、市场、社会和个人在内的多治理主体共同参与治理，各自发挥自身优势，并且对共同行动的规则进行约束，使治理方式多样化，调动基层民众的积极性，使治理效果更优。

第3章 中国农村人居环境整治的现状与问题分析

本章内容主要从中国农村人居环境整治的现状出发,从宏观、微观两个层面出发,分析具体农村人居环境四项内容整治的现状、存在的问题,并基于实地调研数据对农村人居环境整治存在的突出问题进行原因探究与分析。在此基础上,从政府、村民、市场和治理机制四个方面就当前我国农村人居环境整治机制面临的困境展开系统分析。

3.1 基于宏观层面数据的农村人居环境整治情况分析

为了把握中国农村人居环境公共服务供给的现状,本章以《中国城乡建设统计年鉴》《中国环境统计年鉴》《中国农村贫困监测报告》《中国社会统计年鉴》,中国国家统计局,中国住房和城乡建设部,中国生态环境部,国家统计局第二次、第三次农业普查数据等公开数据为基础,以垃圾、厕所、污水、村容村貌四个方面对我国农村人居环境整治的基本情况进行了系统梳理。囿于全国农村人居环境整治起点较晚,统计数据有限。根据已有统计数据,从资金投入和治理成效等多个方面对农村人居环境整治状况进行分析。具体内容包括农村生活垃圾治理、厕所改造、生活污水治理和村容村貌整治四项内容。

3.1.1 生活垃圾治理方面

生活垃圾治理方面,主要从以下四个方面来展开分析。

第一，平均每个行政村垃圾处理资金投入呈现不断平稳上升趋势。从2013~2020年的数据来看，总体而言，全国平均每个行政村垃圾处理投入资金持续上升（见图3-1），尤其是2018年有一个大幅提升，与2017年相比平均每个行政村垃圾处理投入资金增长了1.16倍，高达5.49万元/个，2019年后增长速度有所放缓，这可能也与我国农村生活垃圾处理的基础设施越来越完善，处置水平越来越高的情况有关，2013~2020年全国平均每个行政村垃圾处理投入资金合计达22.73万元。

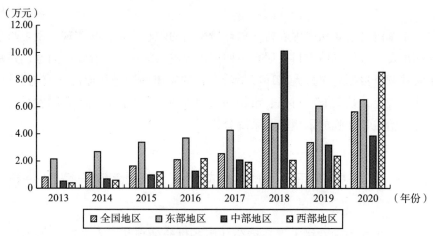

图3-1　我国各区域平均每个行政村垃圾处理投入资金

资料来源：《中国城乡建设统计年鉴》（2013~2020年）。

就区域而言，垃圾处理资金投入总体呈现出"东高西低"的典型特征，后期中西部地区投入逐步迎头赶上。在2013~2017年期间，东部地区的资金投入远高于全国平均水平，且保持稳步增长态势，基本是全国平均水平的2倍，其中江苏、上海、北京、浙江几个省份的投入水平位于全国前列，八年平均投入资金分别是全国水平的2.52倍、2.56倍、2.23倍、1.60倍。而中西部地区在同期的投入水平虽然也保持着逐渐增长的态势，但与全国平均水平相比仍然存在一定的差距。2018年国家提出农村人居环境三年整治行动以来，2018年中部地区行政村垃圾处理投入资金异军突起，平均每个行政村的垃圾处理资金达到10.10万元，是全国水平的1.84倍，其中湖北、安徽的投入水平较高，但山西、湖南、河南的投入程度则有较大进步空间，而西部地区则 2020 年投入水平达到高峰，2020 年西部地区平均每个行政村的垃圾处理资金达到 8.54 万元，是全国平均水平的 1.52 倍，其中重庆、贵州、云南三省近年来对垃圾处理工作的重视程度较高，而西藏、青海、甘肃等地的投入程度与全国平均水平相比仍有较大差距（见表 3-1）。在经济发展水平、自然环境等因素的影响下，东中西三区域的行政村垃圾投入资金存在较大的差距，2013~2020 年东部地区平均每个行政村垃圾处理投入资金是中部地区的 1.48 倍，是西部地区的 1.74 倍。

表 3-1　　2013~2020 年我国各省份平均每个行政村垃圾处理投入资金　单位：万元

地区	2013 年	2014 年	2015 年	2016 年	2017 年	2018 年	2019 年	2020 年
全国	0.82	1.16	1.63	2.10	2.54	5.49	3.36	5.63
北京	3.46	4.80	6.44	6.44	6.96	5.72	7.92	8.88
天津	1.99	3.32	3.70	2.68	2.59	2.93	4.15	4.48
河北	0.34	0.40	0.96	1.12	1.31	1.54	1.84	1.85
山西	0.31	0.33	0.50	0.62	0.90	1.02	1.27	1.19
内蒙古	0.11	0.20	3.55	11.30	1.92	1.47	1.97	2.11
辽宁	1.91	2.08	2.22	2.68	2.51	2.74	3.13	3.74
吉林	0.80	0.60	0.71	0.80	1.57	2.78	3.26	4.12
黑龙江	0.10	0.25	0.20	0.17	0.67	1.09	1.42	3.91
上海	5.36	3.63	3.38	5.36	6.53	8.08	12.35	12.51
江苏	3.83	5.35	6.07	6.38	7.28	8.45	9.69	11.18
浙江	1.55	2.33	3.12	3.74	4.56	5.65	7.37	8.12
安徽	1.35	1.73	2.51	3.14	4.92	6.47	7.08	7.71
福建	1.41	2.20	2.85	3.39	4.59	5.35	6.11	6.48
江西	0.45	1.03	1.70	2.10	2.72	3.55	3.96	4.46
山东	1.16	1.98	2.64	2.65	2.70	2.83	3.15	3.43
河南	0.11	0.21	0.30	0.39	1.26	1.77	2.13	2.27
湖北	0.48	0.63	1.00	1.27	2.33	61.38	3.22	3.65
湖南	0.53	0.68	0.91	1.55	2.26	2.76	3.09	3.59
广东	2.17	2.67	3.43	4.09	4.60	5.11	6.20	7.02

续表

地区	2013 年	2014 年	2015 年	2016 年	2017 年	2018 年	2019 年	2020 年
广西	1.29	1.78	2.16	3.20	5.32	4.49	4.33	4.38
海南	0.45	0.75	2.31	2.09	3.44	4.12	4.57	4.00
重庆	0.76	1.30	1.75	2.60	3.28	3.54	3.79	12.01
四川	0.66	0.72	0.88	0.97	1.33	1.45	1.58	2.72
贵州	0.17	0.41	0.77	1.25	2.77	4.17	3.14	16.99
云南	0.59	1.08	1.39	2.33	3.68	4.41	4.42	49.06
西藏	—	—	—	—	0.50	0.23	0.22	0.91
陕西	0.26	0.41	0.64	1.09	1.42	1.75	2.26	2.67
甘肃	0.13	0.37	0.43	0.56	1.53	2.03	2.19	2.33
青海	0.33	0.11	0.39	0.59	1.02	0.83	1.25	1.52
宁夏	0.90	1.12	1.56	2.16	2.20	2.59	3.76	4.87
新疆	0.14	0.25	0.59	0.67	1.27	1.14	2.77	4.07
新疆生产建设兵团	0.28	0.46	1.31	0.49	2.01	1.03	1.07	3.22

资料来源:《中国城乡建设统计年鉴》(2013～2020 年)。

第二,有生活垃圾收集点的行政村占行政村总数的比例不断上涨。从 2009～2015 年的数据来看,如图 3 - 2 所示,2015 年与 2013 年相比,全国平均有生活垃圾收集点的行政村占行政村总数的比例增加了 9.2%,达到 64%,2015 年与 2009 年相比,平均有生活垃圾收集点的行政村占行政村总数的比例增加了 29%。可以看出,这七年间我国农村生活垃圾治理取得了较大的成效。尤其是 2018 年提出农村人居环境三年整治行动以来,成效显著。农业农村部统计数据显示,2020 年全国农村生活垃圾收运处置体系已覆盖全国 90% 以上的行政村,较 2017 年提高 16 个百分点。①

---

① 农业农村部:农村生活垃圾收运处置体系覆盖全国 90% 以上行政村 [EB/OL]. 新京报, 2020 - 09 - 19, https://baijiahao. baidu. com/s?id = 1678256037710870665&wfr = spider&for = pc.

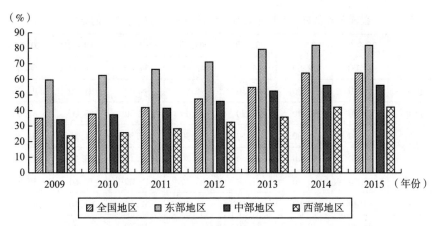

图 3 – 2 我国各区域有生活垃圾收集点的行政村占行政村总数的比例

资料来源:《中国城乡建设统计年鉴》(2009～2015 年)①

就区域而言,与资金投入趋势相一致,总体上仍然呈现出"东高西低"的特征,但 2018 年之后中西部地区建设步伐逐步加快。2009～2015 年七年间,东部地区有生活垃圾收集点行政村所占比例始终高于全国平均水平,且稳步上升,2015 年该比例已达到 81.85%,是全国平均水平的 1.28 倍,其中北京、上海、江苏、浙江、福建、山东在 2015 年有收集点的比例就已超过 90%;中部地区有生活垃圾收集点的行政村比例与全国水平基本相当;而西部地区与全国水平始终存在差距,特别是青海、内蒙古两地(见表 3 – 2),且 2009～2015 年来与全国平均水平的差距不断拉大,2009 年仅低于全国平均水平 11.34%,2015 年则低了 21.85%,但近年来随着各地政府对治理政策的大力推进,西部地区的农村生活垃圾收集水平也在不断加快。

---

① 注:由于政府管理改革,原先农村人居环境相关数据由中国住房和城乡建设部进行统计,自 2017 年起由农业农村部进行统计,部分数据不再提供或予以统计。故本书中,我国有生活垃圾收集点的行政村占行政村总数的比例统计至 2015 年(见图 3 – 2、表 3 – 2),我国对生活垃圾进行处理的行政村占行政村总数的比例统计至 2016 年(见图 3 – 3、表 3 – 3),我国村均改厕投资统计至 2017 年(见图 3 – 5、表 3 – 5),我国卫生厕所即无害化卫生厕所普及率统计至 2017 年(见图 3 – 6、表 3 – 6、图 3 – 7、表 3 – 7),我国对生活污水进行处理的行政村占行政村总数的比例统计至 2016 年(见图 3 – 11、表 3 – 10),我国平均村庄建设财政性资金投资总额统计至 2016 年(见图 3 – 12、表 3 – 11、图 3 – 13),我国已开展村庄整治的占全部行政村比例统计至 2016 年(见图 3 – 14、表 3 – 12)。

表3-2　　我国各省份有生活垃圾收集点的行政村占行政村总数的比例　　单位：%

地区	2009 年	2010 年	2011 年	2012 年	2013 年	2014 年	2015 年
全国	35.00	37.60	41.90	47.40	54.80	64.00	64.00
北京	93.10	93.80	96.30	95.80	94.40	94.20	94.20
天津	71.90	71.90	74.50	75.40	91.30	83.00	83.00
河北	25.20	26.80	28.50	36.90	45.50	51.30	51.30
山西	62.20	62.40	63.40	67.30	72.10	73.50	73.50
内蒙古	9.90	10.20	11.60	13.10	15.20	15.80	15.80
辽宁	38.40	38.60	40.10	43.40	58.50	64.10	64.10
吉林	26.80	30.50	32.50	36.30	42.70	45.20	45.20
黑龙江	52.70	53.00	53.20	54.00	56.50	57.50	57.50
上海	96.20	97.00	97.80	97.70	97.80	97.70	97.70
江苏	68.00	69.30	76.50	82.60	87.80	92.90	92.90
浙江	75.30	80.10	81.60	83.10	92.60	90.20	90.20
安徽	19.30	24.40	35.60	42.10	53.80	59.80	59.80
福建	69.40	78.00	84.00	87.30	89.40	90.90	90.90
江西	45.50	55.00	59.90	65.50	70.00	74.70	74.70
山东	49.90	53.40	63.70	70.50	78.40	96.70	96.70
河南	26.50	28.30	30.60	31.30	34.80	36.20	36.20
湖北	26.60	29.50	36.60	43.10	50.70	55.70	55.70
湖南	12.70	14.70	19.80	27.40	39.10	46.70	46.70
广东	45.20	49.70	58.00	71.50	88.00	88.20	88.20
广西	23.50	23.80	26.40	31.40	63.80	96.30	96.30
海南	23.00	28.90	29.30	37.90	47.70	51.10	51.10
重庆	17.00	19.60	22.80	27.60	31.60	37.40	37.40
四川	20.10	23.50	29.00	36.10	41.70	87.30	87.30
贵州	18.00	18.50	20.10	22.30	24.00	29.40	29.40
云南	20.50	21.90	24.20	28.80	33.20	39.90	39.90
陕西	28.10	30.10	31.00	35.90	41.80	44.60	44.60
甘肃	12.60	14.70	17.00	28.70	31.20	33.50	33.50

续表

地区	2009 年	2010 年	2011 年	2012 年	2013 年	2014 年	2015 年
青海	11.10	9.00	10.50	11.70	13.10	14.30	14.30
宁夏	39.50	41.80	49.80	57.80	62.10	63.50	63.50
新疆	17.40	20.00	22.30	26.00	27.90	29.50	29.50
新疆生产建设兵团	59.40	67.50	66.70	63.30	67.00	63.70	63.70

资料来源：《中国城乡建设统计年鉴》（2009～2015 年）。

第三，对生活垃圾进行处理的行政村占行政村总数的比例呈现不断上升的态势。从 2009～2016 年的数据来看，总体而言，全国对生活垃圾进行处理的行政村占行政村总数的比例呈不断上涨趋势（见图 3－3），且增幅明显，2016 年与 2015 年相比，对生活垃圾进行处理的行政村占行政村总数的比例增加了 2.8%，较 2009 年增加了 47.3%，特别是 2013～2015 年三年间，该比例年均增幅约达 8.33%，可以看出，在中央的高度重视和各类政策大力扶持下，我国农村生活垃圾治理取得了较大的成效。

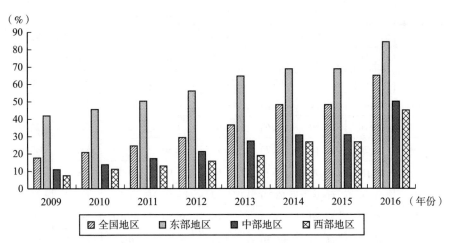

图 3－3　我国各区域对生活垃圾进行处理的行政村占行政村总数的比例

资料来源：《中国城乡建设统计年鉴》（2009～2016 年）。

就区域而言，2009~2016 年期间呈现出"东高西低"的特征。东部地区的处理比例始终高于全国平均水平，在维持较高水平的同时持续提高，2016 年已达到 84.36%，其中北京、天津、苏浙沪地区、海南、山东的处理比例位于全国前列；中西部地区的处理比例略低于全国平均水平，但也以稳定的速度增长，特别是 2015~2016 年，中部地区处理比例提高了 19.34%，西部地区提高了 18.39%，但其中，黑龙江、吉林、甘肃、贵州、内蒙古等地区的处理比例与其他省份仍存在显著差距，亟须进一步提升（见表 3-3）。与资金投入相一致，东中西区域对生活垃圾进行处理的行政村占行政村总数的比例存在巨大的差距，2015 年前东部地区的处理比例基本为中、西部地区的 2 倍，但近年来随着中西部地区治理能力的进一步提高，其农村生活垃圾收运处置体系的建设比例也顺利达到目标任务。

表 3-3　　我国各省对生活垃圾进行处理的行政村占行政村总数的比例　　单位：%

地区	2009 年	2010 年	2011 年	2012 年	2013 年	2014 年	2015 年	2016 年
全国	17.70	20.80	24.50	29.40	36.60	48.20	48.20	65.00
北京	74.30	76.10	81.70	81.50	82.80	82.90	82.90	90.00
天津	54.00	54.00	57.80	57.90	72.60	67.00	67.00	91.00
河北	6.70	7.90	9.30	14.70	21.60	25.10	25.10	52.00
山西	12.50	14.20	16.00	19.50	24.80	27.40	27.40	48.00
内蒙古	2.70	3.00	3.40	4.20	6.00	6.80	6.80	33.00
辽宁	15.80	17.20	17.20	20.40	34.80	37.80	37.80	58.00
吉林	10.40	12.20	13.30	17.20	24.10	25.60	25.60	29.00
黑龙江	0.10	1.50	1.60	1.60	2.60	2.70	2.70	22.00
上海	76.20	79.10	79.70	87.70	87.80	88.70	88.70	96.00
江苏	55.00	56.90	61.70	70.60	78.00	86.30	86.30	96.00
浙江	61.70	66.00	68.70	71.90	81.80	81.10	81.10	93.00
安徽	11.50	14.80	23.60	29.40	38.80	44.60	44.60	69.00
福建	46.10	56.80	66.10	71.90	76.90	80.20	80.20	82.00
江西	26.20	35.10	40.40	46.50	51.10	56.10	56.10	68.00
山东	28.70	35.70	45.60	52.70	64.00	91.60	91.60	97.00

续表

地区	2009 年	2010 年	2011 年	2012 年	2013 年	2014 年	2015 年	2016 年
河南	8.40	9.90	12.00	12.80	14.90	17.10	17.10	45.00
湖北	11.80	14.20	19.10	25.70	33.00	38.80	38.80	71.00
湖南	6.80	8.20	11.70	17.30	28.60	34.00	34.00	49.00
广东	30.10	34.70	42.10	56.00	68.90	70.90	70.90	83.00
广西	7.90	8.10	9.70	13.10	42.40	93.10	93.10	77.00
海南	13.00	17.20	23.40	31.70	41.90	44.80	44.80	90.00
重庆	9.10	11.50	13.70	17.20	20.40	25.40	25.40	47.00
四川	11.00	15.30	19.10	25.60	30.30	85.40	85.40	83.00
贵州	6.60	7.70	9.20	10.60	12.80	18.00	18.00	33.00
云南	7.90	9.60	12.90	15.30	19.00	25.10	25.10	38.00
陕西	9.40	10.60	10.00	12.60	17.00	19.40	19.40	50.00
甘肃	2.10	3.50	5.00	13.00	14.70	17.50	17.50	33.00
青海	7.30	4.90	5.90	5.90	6.30	6.70	6.70	35.00
宁夏	15.30	17.90	22.30	31.30	36.00	39.40	39.40	50.00
新疆	9.10	11.10	12.70	15.00	16.10	17.40	17.40	43.00
新疆生产建设兵团	3.40	27.60	29.20	23.30	31.00	31.40	31.40	53.00

注：2015 年"对生活垃圾进行处理的行政村比例"来自住房城乡建设部农村人居环境调查。因统计口径变化，与往年数据不可比。

资料来源：《中国城乡建设统计年鉴》（2009~2016 年）。

第四，全国自然村垃圾能集中处理的农户比重快速上升，尤其是贫困地区垃圾集中处理比例快速上升。如图 3－4 所示，2014~2019 年，全国自然村垃圾能集中处理的农户占比不断快速上升，由 2014 年的 53.5%，上升至 2019 年的 87.9%，年均增幅达 10.49%。与此同时，在我国脱贫攻坚战的全面开展下，贫困地区垃圾集中处理的农户比重也在快速上升，由 2014 年的 35.2%，上升至 2019 年的 86.4%，年均增速达到了 19.84%，2019 年贫困地区的垃圾集中处理比重与全国平均水平相比仅相差了 1.5%，可见近年来，在中央的高度重视和国家各类扶贫、农村环境保护政策的大力扶持下，我国农村生活垃圾集中收运处置服务的普及率越来越高。就区域而言，我国主要贫困地区垃圾集中处理比例在 2014～2019 年期间飞速上升，特别是原先条件较为落后的西部地区，年均增速基本在 10% 左右，但目前仍有接近 20% 的农户所在自然村没有对垃圾进行集中处理，而东、中部地区发展水平较高的省份如河北、海南、安徽、江西、河南、重庆、湖北的贫困地区，2019 年集中处理的农户比重已达到 90% 以上，但其中黑龙江省贫困地区2019 年的处理比例仅为 52%，与平均水平相去甚远，仍有很大的上升空间（见表 3－4）。

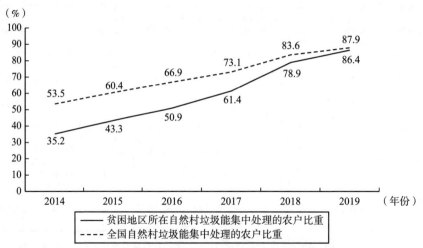

图 3－4　全国与贫困地区自然村垃圾能集中处理的农户比重

资料来源：《中国农村贫困监测报告》（2015～2020 年）。

表 3－4　　　　我国贫困地区所在自然村垃圾能集中处理的农户比重　　　　单位：%

地区	2016 年	2017 年	2018 年	2019 年
合计	50.90	61.40	78.90	86.40
河北	55.40	58.30	84.90	94.10
山西	59.00	66.40	81.90	88.50
内蒙古	53.40	57.10	72.20	72.90

续表

地区	2016 年	2017 年	2018 年	2019 年
吉林	42.60	45.80	69.00	88.80
黑龙江	26.80	42.50	35.80	52.00
安徽	60.60	88.80	88.80	95.20
江西	66.30	77.60	97.10	98.60
河南	30.50	42.70	86.80	95.50
湖北	56.70	70.20	87.30	90.60
湖南	67.10	69.30	82.50	88.20
广西	80.70	85.40	86.40	89.10
海南	74.30	75.00	94.80	97.10
重庆	35.70	51.70	85.20	94.40
四川	52.90	63.80	69.00	83.70
贵州	48.30	57.50	71.90	81.00
云南	37.20	44.90	65.80	75.90
西藏	53.10	62.70	78.30	84.30
陕西	63.60	71.70	80.30	85.70
甘肃	53.60	63.30	79.00	83.10
青海	42.70	60.10	69.90	79.90
宁夏	34.70	45.80	78.10	79.80
新疆	39.00	66.30	74.70	81.30

资料来源:《中国农村贫困监测报告》(2016～2020 年)。

总的来说,随着时间的发展,我国农村生活垃圾治理服务的资金投入呈现不断增长态势,农村生活垃圾收集和处理服务供给水平不断提高,2021年我国农村进行生活垃圾集中收运处理的村落比例稳定在 90% 以上,但仍没有实现垃圾集中收运处理服务的全覆盖,并且目前我国各地区之间的处理水平仍存在较大差距,尤其是我国经济发展水平落后地区,这一服务覆盖率的空缺更大,亟须补充农村生活垃圾治理短板。

3.1.2 厕所改造方面

厕所改造方面，主要从以下三个方面来展开分析。

第一，村均改厕投资呈波动上升的趋势。从 2008～2017 年的数据来看，总体而言，全国村均改厕投资波动上升（见图 3 - 5），2017 年与 2016 年相比，村均改厕投资增加了 0.50 万元，达到 3.57 万元；2017 年与 2008 年相比，村均改厕投资增长了 1.16 倍。2008～2017 年间，村均改厕投资达到 20.83 万元。

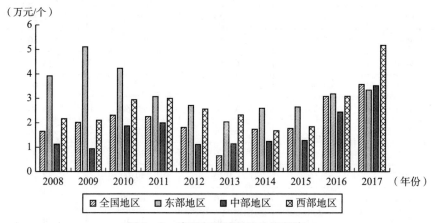

图 3 - 5　我国各区域村均改厕投资

资料来源：《中国环境统计年鉴》（2008～2017 年），《中国城乡建设统计年鉴》（2008～2017 年）。

就区域而言，仍然呈现出"东高西低"的特征。东部地区的村均改厕投资呈先下降再上升的趋势，如 2009 年北京村均改厕投资达 11.28 万元，上海高达 19.52 万元（见表 3 - 5），在 2009 年达到峰值后有所回落，结合卫生厕所普及率数据可知，这可能是由于东部地区的卫生厕所普及率已达到较高水平，故建设费用大大下降；而中西部地区农村卫生厕所普及率仍有较大的进步空间，故在改厕方面仍保持着较大的投资力度，以保证普及率的稳步上升。2008～2017 年间，东部地区村均改厕投资累计 32.82 万元，分别是中部地区、西部地区的 1.97 倍和 1.22 倍。

表 3 - 5　　　　　　　　　　　我国各省份村均改厕投资　　　　　　　　单位：万元/个

地区	2008 年	2009 年	2010 年	2011 年	2012 年	2013 年	2014 年	2015 年	2016 年	2017 年
全国	1.65	2.02	2.31	2.25	1.81	0.65	1.74	1.77	3.07	3.57
北京	5.62	11.28	8.58	2.91	0.01	0.01	1.11	0.35	0.13	0.36
天津	0.58	2.49	5.07	2.12	0.15	0.08	0.23	0.05	0.19	0.86
河北	0.84	0.57	0.51	0.67	0.46	0.46	4.35	1.49	1.94	0.64
山西	0.44	0.58	0.66	0.64	0.78	0.73	0.80	2.06	0.79	0.71
内蒙古	0.87	1.06	2.13	2.05	0.95	0.94	0.98	2.67	4.13	3.82
辽宁	1.67	1.40	2.72	2.73	1.74	1.33	2.21	3.01	2.21	1.76
吉林	0.64	0.60	3.93	3.85	0.44	0.43	—	—	4.20	9.31
黑龙江	0.50	1.00	1.63	1.68	1.05	1.01	0.65	0.42	0.88	0.59
上海	19.45	19.52	2.25	3.30	3.35	3.04	2.26	4.96	3.19	4.16
江苏	3.66	5.56	6.04	4.79	6.70	3.80	3.58	2.05	2.32	1.67
浙江	3.67	3.89	3.40	2.83	2.54	2.53	3.42	6.98	6.43	2.73
安徽	0.85	1.18	2.02	3.83	2.24	2.54	2.35	2.16	6.15	6.90
福建	1.79	2.43	4.79	4.07	3.42	3.06	2.05	1.74	2.18	3.66
江西	1.49	1.59	2.51	2.30	2.45	2.10	2.45	1.78	2.76	3.68
山东	0.73	0.97	1.09	1.88	1.31	0.64	0.53	0.54	5.86	6.26
河南	1.11	1.01	1.02	0.85	0.73	0.69	0.54	0.70	0.78	1.00
湖北	3.48	0.93	2.30	2.07	0.64	1.19	1.47	0.94	1.66	3.24
湖南	0.49	0.63	0.87	0.74	0.58	0.43	0.42	0.87	2.29	2.75
广东	3.69	3.15	4.67	3.43	3.24	3.12	3.17	2.97	4.80	4.00
广西	1.94	2.98	4.96	7.09	8.87	7.74	6.50	4.84	6.73	14.64
海南	1.43	4.91	7.38	5.02	6.85	4.33	5.60	4.97	5.72	10.67
重庆	2.44	4.10	6.03	6.07	3.16	1.58	1.49	1.42	2.03	3.34
四川	2.28	5.92	3.69	3.12	2.41	3.05	1.73	2.38	2.69	2.34
贵州	1.59	1.37	2.13	2.01	1.63	2.65	1.37	3.33	4.33	10.10
云南	1.65	1.72	2.45	3.22	2.16	1.80	1.56	1.64	4.27	6.68
陕西	1.63	1.94	1.16	1.04	0.71	0.98	0.97	0.46	0.81	1.52
甘肃	1.08	1.12	2.07	2.14	0.95	0.56	0.73	0.87	1.76	1.81

续表

地区	2008 年	2009 年	2010 年	2011 年	2012 年	2013 年	2014 年	2015 年	2016 年	2017 年
青海	7.57	0.44	2.20	0.67	1.08	0.88	0.31	0.25	0.33	—
宁夏	1.74	2.34	4.02	3.57	2.54	1.62	1.37	0.63	3.02	4.47
新疆	0.99	0.44	1.39	1.76	2.59	1.14	1.42	1.75	3.80	2.99
新疆生产建设兵团	—	1.80	3.02	3.22	3.63	4.90	—	—	—	—

资料来源：《中国环境统计年鉴》（2008～2017 年），《中国城乡建设统计年鉴》（2008～2017 年）。

第二，卫生厕所及无害化卫生厕所普及率呈不断上升的态势。从 2008～2017 年的数据来看，总体而言，全国卫生厕所普及率呈不断上涨趋势（见图 3-6），2017 年与 2016 年相比，卫生厕所普及率增加了 1.7%，较 2008 年增加了 22.0%，达到 81.7%，十年年均增幅达 3.56%。可以看出，我国卫生厕所改造取得了较大的成效，但仍然有 18.3% 的农户无法享受卫生厕所服务。无害化卫生厕所本身设置了相关的粪便无害化处理设施，对环境污染更小，2008～2017 年普及率略低于卫生厕所，但也呈现出稳步增长趋势（见图 3-7），2017 年无害化卫生厕所普及率为 62.5%，比卫生厕所普及率低 19.2%，较 2008 年增加了 24.8%，十年间平均增幅达 5.80%。

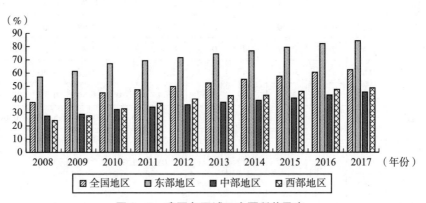

图 3-6　我国各区域卫生厕所普及率

资料来源：《中国环境统计年鉴》（2008～2017 年），《中国城乡建设统计年鉴》（2008～2017 年）。

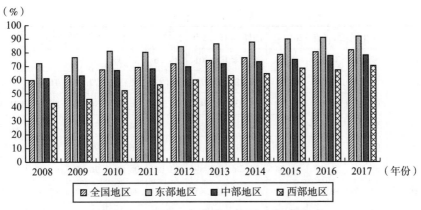

图 3 - 7　我国各区域无害化卫生厕所普及率

资料来源：《中国环境统计年鉴》（2008～2017 年），《中国城乡建设统计年鉴》（2008～2017 年）。

　　就区域而言，仍然呈现出"东高西低"的特征。东部地区的卫生厕所普及率与无害化卫生厕所普及率差距较小，2017 年相差 7.42%，其中北京、天津、上海、浙江等地区这两项指标基本一致（见表 3 - 6、表 3 - 7），说明东部地区的粪污处理更为及时，以最大程度减少对环境的污染；而中西部两个指标则存在一定差距，2017 年中部地区这两项指标相差 32.38%，西部地区相差 21.53%，这将导致粪便排放过程中带来的一定程度上的污染。与资金投入相一致，东中西地区卫生厕所普及率存在一定的差距，2017 年东部地区卫生厕所普及率为 91.68%，比中部地区高出了 13.74%，比西部地区高出了 21.42%，无害化卫生厕所普及率为 84.26%，比中部地区高出了 38.70%，比西部地区高出了 35.54%。

表 3 - 6　　　　　　　　　　我国各省份卫生厕所普及率　　　　　　　　　　单位：%

地区	2008 年	2009 年	2010 年	2011 年	2012 年	2013 年	2014 年	2015 年	2016 年	2017 年
全国	59.72	63.21	67.43	69.18	71.71	74.09	76.05	78.40	80.30	81.70
北京	74.41	85.48	91.35	96.95	96.96	96.98	98.15	98.40	99.80	98.10
天津	89.62	91.20	96.01	93.15	93.33	93.40	93.55	93.60	94.40	93.20
河北	47.03	50.18	53.21	53.14	55.76	56.72	60.87	68.80	73.20	73.30
山西	47.28	49.26	53.53	50.59	52.15	53.23	53.60	56.00	58.80	61.10

续表

地区	2008 年	2009 年	2010 年	2011 年	2012 年	2013 年	2014 年	2015 年	2016 年	2017 年
内蒙古	32.62	34.47	36.98	43.24	46.01	49.96	53.06	62.60	71.40	77.90
辽宁	55.25	59.14	64.14	38.22	64.15	66.92	68.37	72.80	76.90	79.20
吉林	65.54	66.69	73.22	74.93	75.49	76.06	76.56	76.50	80.60	81.50
黑龙江	59.46	62.85	66.82	70.08	70.67	72.74	74.42	75.90	80.40	72.30
上海	96.42	96.60	97.62	98.01	98.01	98.84	96.45	98.60	99.10	99.20
江苏	69.60	76.71	83.04	87.36	90.89	93.08	96.08	96.90	97.40	97.90
浙江	83.75	86.48	88.93	90.11	91.45	93.17	94.78	96.50	98.30	98.60
安徽	53.30	54.14	57.55	58.01	59.21	62.57	65.16	67.10	68.90	73.80
福建	68.75	72.94	79.69	85.48	88.47	90.67	91.75	94.00	93.90	95.00
江西	68.40	71.45	77.74	81.23	84.38	86.92	88.97	89.40	89.10	93.90
山东	75.86	80.49	84.07	85.65	88.31	90.08	91.58	92.20	92.10	92.30
河南	68.02	69.08	69.80	71.06	72.89	74.35	75.28	75.60	79.60	75.00
湖北	67.76	70.21	73.57	75.18	76.69	82.39	82.51	83.00	83.00	83.30
湖南	59.45	60.83	63.14	63.22	64.83	65.73	68.53	74.40	79.50	82.60
广东	79.53	81.89	85.79	86.73	88.58	90.03	91.10	92.30	93.70	95.40
广西	49.17	53.18	60.01	64.07	72.81	78.40	83.28	85.70	85.60	91.60
海南	52.83	59.15	67.32	67.47	70.01	78.76	79.28	82.40	79.80	86.30
重庆	45.70	48.69	54.05	58.65	60.79	62.97	64.49	66.20	67.90	66.20
四川	43.87	54.35	62.21	64.11	67.43	70.99	74.34	77.70	80.90	83.40
贵州	33.74	35.29	38.54	40.94	43.85	47.74	48.91	54.80	58.00	64.50
云南	52.25	53.74	56.40	55.73	58.71	60.79	62.77	64.60	64.80	73.50
陕西	37.55	40.89	45.34	49.42	51.53	50.75	50.78	55.40	40.40	52.30
甘肃	56.48	57.75	61.26	68.00	66.45	66.85	68.91	71.80	57.60	47.20
青海	42.65	45.53	58.30	57.92	62.62	64.94	65.16	66.60	75.80	77.40
宁夏	37.92	41.84	54.30	56.55	59.15	61.68	63.17	70.30	69.20	69.20
新疆	39.89	42.36	47.13	58.25	64.00	69.87	73.57	76.50	68.50	74.30
新疆生产建设兵团	—	43.02	52.01	60.38	65.21	70.82	—	—	64.60	65.60

资料来源：《中国环境统计年鉴》(2008~2017年)，《中国城乡建设统计年鉴》(2008~2017年)。

表 3-7　　　　　　　　　我国各省份无害化卫生厕所普及率　　　　　　单位:%

地区	2008 年	2009 年	2010 年	2011 年	2012 年	2013 年	2014 年	2015 年	2016 年	2017 年
全国	37.67	40.49	45.00	47.30	49.74	52.40	55.18	57.50	60.50	62.50
北京	63.49	75.39	90.92	96.61	96.62	96.64	98.08	98.40	99.80	98.10
天津	89.47	91.04	96.01	93.15	93.33	93.40	93.55	93.60	94.40	93.20
河北	23.53	24.81	26.31	27.27	29.46	30.85	41.69	47.60	52.30	51.80
山西	19.15	19.67	23.12	24.43	27.29	28.13	30.05	33.40	37.20	38.00
内蒙古	6.42	7.95	12.92	18.24	21.05	23.85	26.32	30.80	30.10	33.50
辽宁	15.97	19.07	23.29	26.82	29.63	32.03	33.78	38.40	42.60	45.20
吉林	5.56	6.76	13.79	14.36	15.04	15.72	16.31	16.30	18.70	27.90
黑龙江	7.26	8.67	12.65	10.84	13.28	14.74	15.89	16.90	17.10	15.80
上海	96.19	96.36	97.62	96.56	96.56	98.68	94.46	96.90	98.30	99.10
江苏	44.30	51.48	59.94	67.42	73.90	79.19	85.48	87.70	91.10	92.50
浙江	68.76	73.50	77.21	78.74	81.05	83.43	86.48	91.50	96.30	96.70
安徽	19.74	22.10	25.64	28.67	32.28	34.03	36.42	38.60	40.60	45.30
福建	66.50	70.48	77.08	83.78	86.85	88.88	90.20	92.50	92.10	93.50
江西	41.00	44.55	50.36	54.76	58.92	62.07	64.99	67.80	69.30	77.70
山东	37.42	40.97	45.27	47.71	50.81	54.06	56.41	57.30	67.90	78.50
河南	53.62	51.44	50.99	52.77	49.94	54.11	57.20	57.30	60.80	57.10
湖北	41.24	43.41	46.45	50.44	52.20	53.39	53.52	55.40	60.90	58.90
湖南	31.32	32.72	35.21	36.27	37.78	39.34	40.58	42.70	42.30	43.80
广东	70.47	73.43	77.74	78.80	81.12	83.24	84.94	87.20	90.30	93.00
广西	48.32	51.74	58.01	60.63	66.53	71.42	75.67	78.10	78.90	86.50
海南	51.12	57.39	65.61	64.97	67.54	77.59	78.11	81.20	78.30	85.30
重庆	45.70	48.69	54.05	58.65	60.79	62.97	64.49	66.20	67.90	66.20
四川	35.79	41.96	46.38	48.75	51.18	54.15	57.24	60.80	63.30	66.60
贵州	15.20	16.48	20.64	23.75	28.14	30.28	31.55	37.30	39.10	48.00
云南	24.79	26.71	29.22	30.84	31.36	33.94	35.40	37.90	38.80	45.60
陕西	27.92	31.27	35.71	39.79	41.90	42.88	42.91	44.70	46.60	29.20
甘肃	15.12	17.47	22.27	29.88	28.24	28.52	30.25	32.00	36.40	36.60

续表

地区	2008年	2009年	2010年	2011年	2012年	2013年	2014年	2015年	2016年	2017年
青海	7.80	8.26	9.03	8.44	11.44	8.93	10.67	9.00	19.70	19.70
宁夏	21.21	28.30	37.75	40.47	47.01	50.66	51.43	58.80	54.50	56.10
新疆	15.94	14.02	18.70	26.56	31.88	37.72	49.04	51.50	48.40	48.00
新疆生产建设兵团	—	37.24	48.87	57.86	63.36	69.73	—	—	—	—

资料来源:《中国环境统计年鉴》(2008~2017年),《中国城乡建设统计年鉴》(2008~2017年)。

第三,有水冲式卫生厕所的农户比重不断上升。从2016~2019年的数据来看,总体而言,全国有水冲式卫生厕所的农户比重呈稳步上升趋势(见图3-8),由2016年的30.5%上升至2019年的58.4%,年均增幅达25.15%,特别是2018~2019年,增速更快。但近年来随着改厕行动的普及,也存在着改厕模式选择错误、新厕弃用的问题,如缺水地区或后续配套服务体系不完善地区却改用水冲厕所,应更加注意"合理选择改厕模式,宜旱则旱,宜水则水"①。

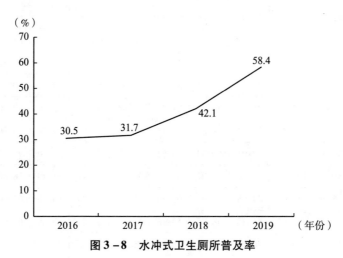

图3-8 水冲式卫生厕所普及率

资料来源:《中国农村贫困监测报告》(2015~2020年)。

① 农村人居环境整治提升五年行动方案(2021-2025年)[EB/OL].2021-12-25,http://www.gov.cn/zhengce/2021-12/05/content_5655984.htm.

　　总的来说，随着时间的发展，我国村庄卫生厕所改造资金投入呈现不断增长态势，我国卫生厕所普及率大大提高，但与实际需求相比还有一定差距，我国仍有约 18.3% 的村民无法享受卫生厕所服务。在经济发展水平比较高的地区农村卫生厕所普及率近乎达到 100%，但在我国经济发展水平落后地区，卫生厕所普及率还有很大的短板要补齐。各省应因地制宜，选择适合当地条件的改厕模式，来提高改厕质量，保证农村"厕所革命"的成功。

3.1.3　生活污水治理方面

　　生活污水治理方面，主要从以下三个方面来展开分析。

　　第一，平均每个行政村污水处理投入资金呈现不断上升的态势。从 2013～2020 年的数据来看，总体而言，全国平均每个行政村污水处理投入资金呈不断上涨趋势（见图 3－9），2020 年平均每个行政村污水处理资金投入是 2013 年的 11.92 倍，年均增幅达 44.62%，2013～2020 年全国平均每个行政村污水处理投入资金合计达 24.87 万元。

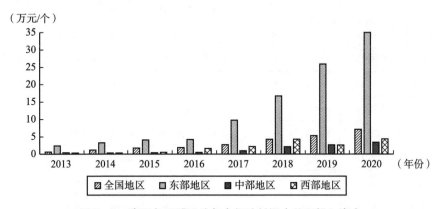

图 3－9　我国各区域平均每个行政村污水处理投入资金

资料来源：《中国城乡建设统计年鉴》（2013～2020 年）。

　　就区域而言，仍然呈现出典型的"东高西低"特征。东部地区村均污水处理投入资金的年均增幅极大，2020 年已是全国平均水平的 5 倍左右，其中，上海、广东、江苏、天津、北京、浙江等地的投入位于全国前列；中部地区对于污水处理的投入水平较低，2017 年前每村仅有 5 000 元以下的治理资金，2020 年的投入水平仅为全国平均水平的 50% 左右，特别是山西、黑龙江、河南几省，资金投入水平仍有很大提升空间；西部地区中，各省份的投入水平有显著差异，宁夏、云南、新疆等地的投入水平较高，而西藏、陕西 2020 年的村均污水治理投入仅在 1 万元左右（见表 3 - 8）。东中西区域平均每个行政村污水处理投入资金存在巨大的差距，2013 ~ 2020 年东部地区平均每个行政村污水处理投入资金合计达 101.49 万元，是中部地区的 9.61 倍，是西部地区的 6.22 倍。

表 3 - 8　　　　我国各省份平均每个行政村污水处理投入资金　　单位：万元/个

地区	2013 年	2014 年	2015 年	2016 年	2017 年	2018 年	2019 年	2020 年
全国	0.60	1.17	1.73	1.88	2.70	4.29	5.35	7.15
北京	1.52	1.80	1.07	2.17	9.44	17.25	19.88	10.19
天津	1.07	0.18	0.71	0.57	2.46	4.05	14.13	19.26
河北	0.13	0.22	0.13	0.11	0.28	0.34	0.71	1.02
山西	0.02	0.08	0.01	0.08	0.05	0.52	0.97	0.54
内蒙古	0	0.16	0.03	0.14	0.21	0.62	0.66	1.24
辽宁	0.23	0.26	0.32	0.29	0.55	1.46	1.80	2.33
吉林	0.01	0.07	0.10	0.21	0.80	1.07	1.75	2.01
黑龙江	0.01	0.00	0.23	0.09	0.01	0.37	0.15	1.65
上海	12.32	11.17	7.38	7.38	49.56	97.83	150.66	233.45
江苏	3.33	4.09	6.25	8.10	13.05	17.87	25.63	31.33
浙江	2.81	13.36	24.41	19.96	16.05	12.46	13.26	12.52
安徽	0.75	1.54	1.68	1.83	2.56	4.69	5.94	8.79
福建	0.78	1.27	1.76	3.15	5.97	8.59	18.63	12.69
江西	0.21	0.31	0.44	0.43	1.10	2.14	3.28	4.19
山东	0.63	0.84	0.84	0.86	1.05	1.24	1.43	3.32

地区	2013 年	2014 年	2015 年	2016 年	2017 年	2018 年	2019 年	2020 年
河南	0.01	0.13	0.17	0.13	0.70	1.15	2.30	2.98
湖北	0.31	0.37	0.50	0.62	1.76	5.68	4.60	4.21
湖南	0.12	0.19	0.17	0.41	0.73	1.22	2.24	3.06
广东	3.22	2.93	2.16	3.79	6.58	10.14	28.84	46.61
广西	0.31	0.48	0.92	3.67	4.02	3.27	2.69	2.78
海南	0.04	0.08	0.22	0.15	2.78	12.87	10.52	12.31
重庆	1.14	1.29	0.89	0.86	2.76	4.17	5.02	8.04
四川	0.32	0.52	0.64	0.81	1.09	1.84	2.70	5.13
贵州	0.25	0.34	0.66	1.43	5.45	6.28	3.26	4.02
云南	0.33	0.55	1.67	1.93	4.78	30.87	7.98	8.45
西藏	—	—	—	—	0.13	1.39	0.35	0.80
陕西	0.07	0.10	0.18	0.17	0.54	0.72	1.47	1.20
甘肃	0.03	0.07	0.05	0.06	0.19	0.49	1.16	1.86
青海	0.07	0.02	0.01	—	0.27	2.32	0.86	1.77
宁夏	0.58	1.00	0.88	1.39	1.78	2.84	6.60	15.39
新疆	0.19	0.18	0.36	0.61	1.45	1.29	2.17	4.31
新疆生产建设兵团	1.46	0.24	0.23	6.02	6.17	0.01	1.31	6.07

资料来源：《中国城乡建设统计年鉴》（2013～2020 年）。

第二，平均每个村庄排水管道沟渠长度呈现不断上升的态势。从 2013～2020 年的数据来看，总体而言，全国平均每个村庄排水管道沟渠长度呈不断上涨趋势（见图 3-10），2020 年全国平均每个村庄排水管道沟渠长度是 2013 年的 2.60 倍，达到 2.44 公里，八年沟渠长度的年均增幅达 16.70%，特别是 2016～2017 年增幅高达 77.59%，可以看出，我国村庄污水治理取得了较大的成效，排污能力有了大幅提升。

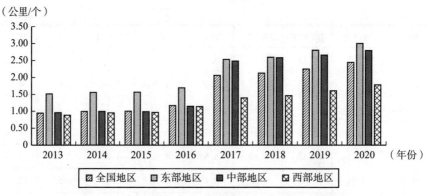

图 3 - 10 我国各区域平均每个村庄排水管道沟渠长度

资料来源:《中国城乡建设统计年鉴》(2013 ~ 2020 年)。

就区域而言,虽然仍然呈现出"东高西低"的特征,但尤其是中部地区 2017 年以来快速增长。东部地区平均每个村庄的沟渠长度始终高于全国平均长度,2020 年已达到 3.00 公里;中部地区的排水管道沟渠建设工程也持续推进,年均增幅达 21.15%;西部地区的村均排水管道沟渠长度则与全国平均水平仍有一定差距,特别是西藏、新疆地区(见表 3 - 9)。

表 3 - 9　　　　　　　我国各省份平均每个村庄排水管道沟渠长度　　　　单位:公里/个

地区	2013 年	2014 年	2015 年	2016 年	2017 年	2018 年	2019 年	2020 年
全国	0.94	0.99	1.00	1.16	2.06	2.13	2.25	2.44
北京	2.26	2.45	2.45	2.20	2.32	2.41	2.62	2.77
天津	1.32	1.01	1.00	1.10	1.20	1.31	1.49	2.13
河北	0.23	0.24	0.24	0.52	1.52	1.27	1.31	1.30
山西	0.38	0.39	0.39	0.44	2.51	2.41	2.52	2.70
内蒙古	0.15	0.20	0.20	0.38	0.80	0.80	0.83	0.86
辽宁	1.35	1.42	1.44	1.54	3.53	3.38	3.38	3.24
吉林	1.11	1.11	1.11	1.21	5.59	5.36	5.09	5.16
黑龙江	0.62	0.65	0.63	0.75	2.75	2.77	2.98	3.01
上海	3.67	3.73	3.77	3.86	3.86	3.90	4.30	4.46

续表

地区	2013 年	2014 年	2015 年	2016 年	2017 年	2018 年	2019 年	2020 年
江苏	2.29	2.38	2.39	2.64	2.93	3.12	3.30	3.57
浙江	1.11	1.21	1.22	1.43	1.70	1.84	2.34	2.47
安徽	1.44	1.55	1.57	1.79	2.42	2.59	2.71	2.94
福建	1.06	1.11	1.12	1.24	4.45	4.49	4.54	4.64
江西	1.62	1.59	1.59	1.74	1.65	1.98	2.16	2.31
山东	1.31	1.42	1.43	1.60	3.40	3.37	3.41	3.57
河南	0.50	0.50	0.50	0.55	0.96	1.10	1.22	1.32
湖北	1.28	1.38	1.32	1.52	2.08	2.54	2.63	2.66
湖南	0.72	0.75	0.77	1.14	1.89	1.88	1.96	2.22
广东	1.62	1.65	1.62	1.80	2.08	2.27	2.63	3.29
广西	0.93	1.16	1.16	1.13	1.64	1.81	1.89	2.01
海南	0.46	0.52	0.54	0.70	0.82	1.14	1.49	1.57
重庆	1.71	1.56	1.56	1.25	1.51	1.61	1.64	1.68
四川	0.84	0.87	0.87	0.96	1.44	1.51	1.59	2.55
贵州	0.56	0.68	0.72	1.05	1.30	1.49	1.63	1.66
云南	1.45	1.53	1.48	1.74	2.39	2.53	2.88	3.12
西藏	—	—	—	—	0.34	0.35	0.39	0.46
陕西	0.73	0.76	0.94	1.18	1.42	1.57	1.77	1.84
甘肃	0.24	0.28	0.27	0.54	1.06	1.09	1.18	1.26
青海	0.78	0.78	0.78	1.02	1.12	1.17	1.24	1.23
宁夏	3.66	3.76	3.74	3.73	4.13	4.17	4.48	4.78
新疆	0.17	0.19	0.20	0.18	0.36	0.39	0.57	0.64
新疆生产建设兵团	0.19	0.23	0.23	0.57	0.73	0.65	0.83	0.97

资料来源:《中国城乡建设统计年鉴》(2013~2020 年)。

第三,对生活污水进行处理的行政村占行政村总数的比例呈不断增长的态势。从 2009~2016 年的数据来看,总体而言,全国对生活污水进行处理的行政村占行政村总数的比例呈不断上涨趋势(见图 3-11),2016 年与

2015 年相比，对生活污水进行处理的行政村占行政村总数的比例增加了
8.56%，较 2009 年增加了 15.10%，达到 20%，8 年年均增幅达 25.30%。
2021 年，我国农村生活污水治理率已达 28%①，可以看出，目前我国农村
生活污水处理服务供给水平较低，仍有 70% 左右的行政村没有生活污水处
理服务。

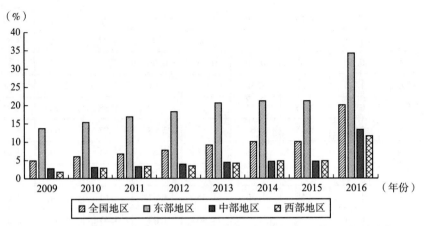

图 3 - 11 我国各区域对生活污水进行处理的行政村占行政村总数的比例
资料来源：《中国城乡建设统计年鉴》（2009 ~ 2016 年）。

就区域而言，东部地区农村的生活污水处理比重始终高于全国，维持在
较高水平。特别是 2015 ~ 2016 年，增幅高达 61.29%，其中浙江、江苏、
上海、北京、福建几省的处理比例位于前列，特别是浙江省，2016 年的
生活污水处理比例就已高达 84%；中西部地区农村的污水处理比例近年
来稳定增长，但与全国平均水平相比仍有一定差距，其中黑龙江、吉林、
内蒙古、甘肃、青海等地 2016 年的污水处理比例在 5% 左右，亟待提升
（见表 3 - 10）。与资金投入一致，东中西地区对生活污水进行处理的行政
村占行政村总数的比例存在较大的差距，2016 年东部地区对生活污水进行
处理的行政村占行政村总数的比例为 34.09%，中部为 13.25%，西部为
11.50%，呈现出"东高西低"的典型特征。

① 全国农村生活垃圾收运处置体系已覆盖全国 90% 以上行政村［EB/OL］. 央广网，2020 -
12 - 20，https：//baijiahao. baidu. com/s?id = 1686564592328938143&wfr = spider&for = pc.

表 3 - 10　　我国各省份对生活污水进行处理的行政村占行政村总数的比例　　单位：%

地区	2009 年	2010 年	2011 年	2012 年	2013 年	2014 年	2015 年	2016 年
全国	4.90	6.00	6.70	7.70	9.10	10.00	10.00	20.00
北京	21.60	21.70	23.20	24.00	23.30	23.50	23.50	42.00
天津	15.80	14.30	14.50	14.10	17.70	16.40	16.40	19.00
河北	2.10	1.80	1.60	1.90	3.20	3.30	3.30	9.00
山西	1.80	2.30	2.80	3.80	4.00	4.00	4.00	9.00
内蒙古	1.60	1.60	1.70	1.70	2.50	2.40	2.40	5.00
辽宁	2.30	2.60	2.90	2.80	3.60	3.80	3.80	9.00
吉林	3.50	3.50	3.60	4.00	4.10	3.70	3.70	5.00
黑龙江	0.10	0.10	0.10	0.10	0.40	0.40	0.40	4.00
上海	43.00	48.60	51.20	53.30	52.80	53.00	53.00	64.00
江苏	14.70	19.60	21.90	22.00	25.90	27.30	27.30	44.00
浙江	25.40	31.50	34.20	41.70	51.90	54.60	54.60	84.00
安徽	5.10	5.30	3.50	4.40	5.10	5.80	5.80	19.00
福建	7.60	6.00	8.40	11.20	12.60	12.70	12.70	40.00
江西	4.80	5.40	5.50	6.10	6.90	7.60	7.60	17.00
山东	7.00	9.60	12.20	13.40	16.10	18.40	18.40	18.00
河南	2.10	2.00	1.50	1.90	2.40	2.70	2.70	18.00
湖北	2.80	3.80	6.10	7.50	8.10	8.60	8.60	22.00
湖南	1.80	2.00	2.80	3.40	3.90	4.10	4.10	12.00
广东	9.50	10.10	13.10	13.00	15.40	15.30	15.30	29.00
广西	0.70	0.80	0.80	1.80	3.00	4.80	4.80	14.00
海南	1.60	2.60	1.70	2.70	4.10	4.20	4.20	17.00
重庆	3.80	5.20	6.60	8.30	9.30	11.10	11.10	20.00
四川	3.30	5.80	6.00	6.00	7.70	9.70	9.70	18.00
贵州	1.20	2.00	2.00	2.60	3.20	4.50	4.50	12.00
云南	1.90	2.10	3.40	4.40	4.70	5.70	5.70	12.00
陕西	2.50	3.00	3.00	3.00	3.00	3.90	3.90	15.00

续表

地区	2009 年	2010 年	2011 年	2012 年	2013 年	2014 年	2015 年	2016 年
甘肃	0.60	0.70	0.30	0.50	0.90	1.00	1.00	7.00
青海	0.90	0.60	1.00	1.00	1.20	1.20	1.20	6.00
宁夏	2.90	3.60	5.10	6.50	7.30	7.40	7.40	15.00
新疆	1.30	1.30	1.70	2.60	2.50	2.70	2.70	12.00
新疆生产建设兵团	—	7.80	8.80	6.00	8.30	8.90	8.90	13.00

资料来源:《中国城乡建设统计年鉴》(2009~2016 年)。

总的来说,随着时间的发展,我国农村生活污水治理服务的资金投入呈现不断增长态势,农村生活污水治理服务供给水平得到了一定的提升,但由于我国农村污水治理基础薄弱,在 2020 年城市污水处理率已经超过 97% 的情况下,2021 年我国仍有 72% 的农户没有生活污水治理服务,与实际需求相比仍有巨大差距,尤其是我国经济发展水平落后地区,这一空缺更大。为实现 2025 年全国农村污水治理率达 40% 的目标,必须深入打好生活污水治理攻坚战,加快补齐短农村生活污水治理服务短板。

3.1.4 村容村貌整治方面

村容村貌整治方面,主要从以下六个方面来展开分析。

第一,村庄建设财政性资金投资持续增加。2013~2016 年,全国平均村庄建设财政性资金投资总额呈不断增长趋势,4 年间全国平均村庄建设财政性资金投资总额合计 77.20 万元(见图 3-12)。其中,东部地区投入资金最多,2013~2016 年,平均村庄建设财政性资金投资总额合计 202.64 万元,尤其是 2013 年平均村庄建设财政性资金投资高达 80.22 万元,其中北京、上海平均每个村庄建设财政性资金投资达百万元,可见财政支持力度之大,但同时河北省的资金投资水平较低,2016 年仅为 3.87 万元。而中部地区的平均村庄建设财政性资金投资水平相对较低,且增速较低,2013~2016 年平均村庄建设财政性资金投资总额合计 45.26 万元,山西、河南、湖南三省的投资水平较低；西部地区的平均村庄建设财政性资金呈现稳步上升的趋势，2016 年投资总额达 55.03 万元，云南、宁夏、新疆、青海等省份投入力度都非常大（见表 3 – 11）。

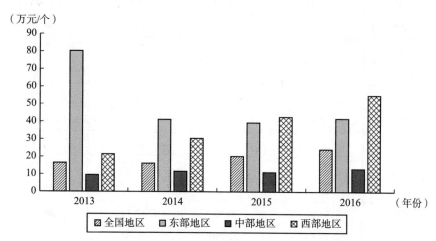

图 3 – 12　我国各区域平均村庄建设财政性资金投资总额

资料来源：《中国城乡建设统计年鉴》（2013 ~ 2016 年）。

表 3 – 11　　　　我国各省平均村庄建设财政性资金投资总额　　　　单位：万元/个

地区	2013 年	2014 年	2015 年	2016 年
全国	16.51	16.13	20.26	24.30
北京	559.39	103.92	32.74	29.92
天津	17.02	21.71	22.34	17.76
河北	1.76	1.69	2.96	3.87
山西	1.95	2.14	1.99	1.63
内蒙古	6.57	12.14	46.51	89.25
辽宁	10.43	12.17	17.04	29.66
吉林	10.93	10.41	12.88	12.66
黑龙江	27.38	33.18	15.31	12.58
上海	149.37	156.66	143.24	152.71
江苏	60.81	58.45	80.65	92.95

地区	2013 年	2014 年	2015 年	2016 年
浙江	22.17	24.00	31.95	31.88
安徽	19.53	26.79	28.01	37.41
福建	14.48	19.11	27.55	20.23
江西	6.35	8.84	14.21	17.25
山东	12.89	15.42	18.89	14.39
河南	1.74	0	2.57	2.74
湖北	6.01	8.13	9.25	11.64
湖南	2.16	3.36	4.23	8.78
广东	20.12	19.32	19.07	25.77
广西	26.06	33.77	47.50	44.04
海南	13.97	20.79	37.11	40.63
重庆	29.83	32.49	35.37	40.37
四川	6.98	12.08	11.95	14.90
贵州	14.31	16.61	24.11	33.94
云南	22.06	32.00	70.58	104.55
陕西	6.94	8.32	9.20	16.26
甘肃	7.38	13.55	17.06	18.31
青海	52.35	45.83	63.62	64.64
宁夏	31.63	74.91	82.37	96.40
新疆	34.63	58.98	67.87	70.95
新疆生产建设兵团	19.12	24.91	35.93	66.71

资料来源:《中国城乡建设统计年鉴》(2013~2016 年)。

第二,村庄建设各级财政性资金投资占比不断变化。就资金来源来看,全国村庄建设财政性资金投资以县级预算资金和镇(乡)预算资金为主,其中中央预算资金占比不断增加,镇(乡)预算资金占比不断减少。分区域来看,村庄建设财政性资金投资中,东部地区县级和镇(乡)级预算资金投入占比接近 80%，中央预算资金仅占小部分；而中部地区以镇（乡）级预算资金投入和中央预算资金为主，且中央预算占比逐年增加；而西部地区以中央预算资金投入为主，占比在 30% ~ 40%，镇（乡）级预算资金投入则仅占小部分（见图 3 - 13）。

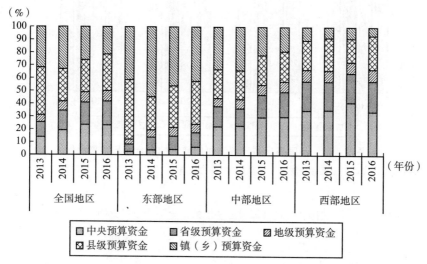

图 3 - 13　我国各区域村庄建设各级财政性资金投资占比

资料来源：《中国城乡建设统计年鉴》（2013 ~ 2016 年）。

第三，已开展村庄整治的占全部行政村比例不断提高。从 2013 ~ 2016 年的数据来看，总体而言，全国已开展村庄整治的占全部行政村比例呈不断上涨趋势（见图 3 - 14），2016 年与 2015 年相比，已开展村庄整治的占全部行政村比例增加了 3.79%，较 2013 年增加了 5.60%，达到 54.03%。可以看出，我国村庄整治工作取得了一定成效，但 2016 年来仍然有近 46% 的村庄没有开展村庄整治工作。就区域而言，东部地区的村庄整治比例一直保持在较高水平，如江苏、山东两省的村庄整治比例在 2016 年就已达到 90% 以上；中、西部地区的治理比例基本相当，略低于全国平均水平，但河南、山西、新疆、贵州等地区与平均水平的差距较大（见表 3 - 12）。

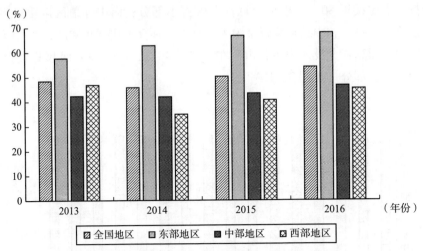

图 3 – 14 我国各区域已开展村庄整治的占全部行政村比例

资料来源：《中国城乡建设统计年鉴》（2013～2016 年）。

表 3 – 12 我国各省已开展村庄整治的占全部行政村比例 单位：%

地区	2013 年	2014 年	2015 年	2016 年
全国	48.43	45.82	50.24	54.03
北京	76.64	76.65	81.32	76.63
天津	58.93	56.56	59.22	64.17
河北	28.70	33.39	37.92	42.54
山西	26.41	29.57	30.74	30.40
内蒙古	21.78	26.96	50.08	60.35
辽宁	49.22	57.35	67.04	72.75
吉林	32.08	35.34	38.17	40.04
黑龙江	36.04	37.40	38.41	41.02
上海	60.79	64.23	65.43	56.91
江苏	82.78	92.10	96.45	97.11
浙江	70.42	69.54	70.04	69.84
安徽	57.07	56.84	48.42	53.03
福建	57.58	62.13	67.49	70.29

续表

地区	2013 年	2014 年	2015 年	2016 年
江西	60.67	62.85	67.97	71.44
山东	68.94	82.63	87.80	90.63
河南	35.57	23.53	26.77	29.14
湖北	62.12	59.46	62.54	66.72
湖南	28.31	30.78	34.10	41.18
广东	37.57	41.73	43.36	45.76
广西	30.27	35.66	45.20	46.81
海南	42.69	54.05	57.92	60.62
重庆	28.61	33.46	36.04	41.89
四川	27.65	29.58	36.30	36.63
贵州	205.17	28.31	32.78	34.94
云南	43.53	50.22	49.89	54.13
陕西	35.20	39.02	51.30	61.78
甘肃	26.04	30.69	34.74	47.27
青海	52.31	30.32	32.45	39.86
宁夏	18.41	63.74	62.07	64.30
新疆	26.23	22.87	28.02	31.90
新疆生产建设兵团	—	28.05	28.74	24.81

资料来源:《中国城乡建设统计年鉴》(2013 ~ 2016 年)。

第四,平均每个村庄园林绿化建设投入呈上升态势。2013 ~ 2020 年,全国平均每个村庄园林绿化建设投入总额呈不断增长趋势(见图 3 - 15),8 年间全国平均每个村庄园林绿化建设投入总额合计 26.73 万元,2020 年与 2013 年相比,平均每个村庄园林绿化建设投入增加了 1.85 万元,达到 4.16 万元。就区域而言,东部地区投入资金远远超过中、西部地区,2013 ~ 2020 年间,平均每个村庄园林绿化建设投入总额合计 88.92 万元,其中北京市在园林建设方面的投入遥遥领先,8 年间村庄合计投入 453.29 万元,特别是

2015 年高达 111.28 万元，江浙沪地区的投入也位于前列。而中西部地区平均村庄的绿化投资水平相对较低，且增速不高，2020 年中部地区平均每个村庄投入了 3.28 万元，西部地区投入了 2.84 万元，其中黑龙江、青海、西藏等地区的投入水平较低（见表 3－13）。

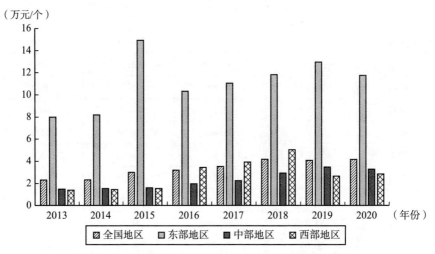

图 3－15　我国各区域平均每个村庄园林绿化建设投入

资料来源：《中国城乡建设统计年鉴》（2013～2020 年）。

表 3－13　　　　　我国各省份平均每个村庄园林绿化建设投入资金　　　单位：万元/个

地区	2013 年	2014 年	2015 年	2016 年	2017 年	2018 年	2019 年	2020 年
全国	2.31	2.32	2.99	3.19	3.52	4.17	4.07	4.16
北京	45.59	45.59	111.28	51.05	37.58	57.04	57.04	48.12
天津	5.51	7.05	4.60	4.81	24.78	11.07	11.07	5.87
河北	0.61	0.51	0.70	0.72	1.40	1.42	1.42	1.25
山西	1.41	1.60	1.42	1.37	1.04	1.19	3.57	1.40
内蒙古	2.74	0.77	4.10	17.96	5.52	2.06	2.37	2.02
辽宁	1.83	1.50	1.41	2.77	2.10	1.60	1.33	1.11
吉林	1.21	0.85	0.65	1.31	1.54	1.32	1.32	2.26
黑龙江	1.51	1.32	1.05	1.02	0.85	0.88	1.61	0.96

续表

地区	2013 年	2014 年	2015 年	2016 年	2017 年	2018 年	2019 年	2020 年
上海	6.81	6.36	14.68	22.14	17.82	18.39	29.81	27.49
江苏	10.91	12.74	12.20	10.93	12.96	12.94	13.35	14.81
浙江	5.02	4.32	5.23	6.60	8.09	10.77	11.96	11.05
安徽	2.79	3.40	3.90	4.57	4.53	7.64	7.21	6.69
福建	3.34	3.58	3.59	3.86	4.27	4.63	4.93	7.17
江西	2.35	2.05	2.24	2.33	2.98	3.50	3.80	4.42
山东	3.47	3.48	3.71	3.38	3.57	4.26	4.37	5.25
河南	0.47	0.50	0.58	0.71	1.71	2.61	3.75	3.65
湖北	1.28	1.64	1.93	2.52	3.04	4.12	4.30	4.42
湖南	0.86	0.96	1.04	1.90	2.24	2.18	2.23	2.39
广东	3.70	2.91	3.03	3.32	4.53	4.48	4.14	4.47
广西	0.42	0.50	0.83	0.92	1.33	1.21	1.32	1.07
海南	1.09	2.03	3.58	3.83	4.27	3.23	3.02	2.50
重庆	1.51	1.34	1.54	2.06	2.77	2.36	3.73	2.83
四川	0.91	1.10	1.29	1.40	1.24	1.57	1.33	1.38
贵州	1.29	1.68	1.77	3.45	5.20	10.81	2.40	1.32
云南	1.17	1.25	1.25	2.15	3.11	3.58	3.65	4.07
西藏	—	—	—	—	1.69	0.34	1.52	1.00
陕西	0.89	0.99	1.30	1.66	2.65	3.19	3.05	4.11
甘肃	0.43	0.42	0.37	0.44	1.00	1.23	1.18	1.16
青海	0.38	0.27	0.26	0.25	0.55	0.39	0.45	0.84
宁夏	3.34	3.08	2.70	2.35	5.32	4.87	4.82	5.81
新疆	0.57	0.64	0.92	1.31	3.36	7.11	2.36	2.43
新疆生产建设兵团	3.07	5.33	2.17	7.32	17.23	26.64	6.33	8.91

资料来源:《中国城乡建设统计年鉴》(2013~2020 年)。

第五，村庄内硬化道路占道路总长度的比重不断上升。从2013～2020年的数据来看，总体而言，全国村庄内硬化道路占道路总长度的比重呈不断上涨趋势（见图3-16），2020年全国村庄内硬化道路占道路总长度的比重是2013年的1.81倍，约为55.98%，8年年均增幅达9.2%（见表3-14）。可以看出，我国村内道路硬化取得了较大的成效，但仍存在巨大的缺口，还有接近一半的村内道路没有硬化。就区域而言，东部地区的硬化道路比例稳步增加，略高于全国平均水平，基本在50%左右，2020年该比例达58%，其中2020年北京地区的硬化比例高于全国平均水平29.10%，达到85.18%，远高于全国其他省份；中、西部地区的硬化道路占比与全国平均水平略有差距，均保持着稳步上升的趋势，2020年中部地区的硬化比例达50.40%，西部地区为53.17%。

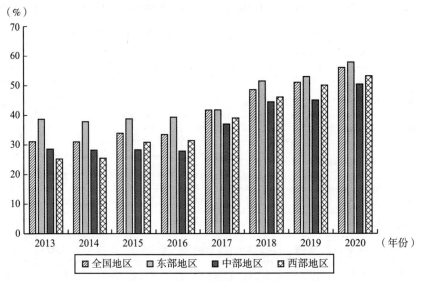

图3-16 我国各区域村庄内硬化道路占道路总长度的比重

资料来源：《中国城乡建设统计年鉴》（2013～2020年）。

表3-14 我国各省份平均每个村庄内硬化道路占道路总长度的比重 单位：%

地区	2013年	2014年	2015年	2016年	2017年	2018年	2019年	2020年
全国	31.06	30.96	33.85	33.38	41.69	48.53	50.99	55.98
北京	40.59	39.64	28.02	32.50	46.49	99.01	92.53	85.18

续表

地区	2013 年	2014 年	2015 年	2016 年	2017 年	2018 年	2019 年	2020 年
天津	22.07	20.76	19.71	19.82	25.08	41.54	42.52	58.38
河北	34.93	32.94	39.01	45.67	41.91	55.88	61.19	67.65
山西	32.80	31.73	43.46	37.32	55.57	56.21	56.39	50.77
内蒙古	18.23	23.52	39.32	51.60	45.51	49.95	54.74	64.92
辽宁	44.52	43.27	42.03	46.84	46.81	53.65	51.73	56.86
吉林	30.03	30.41	28.91	33.79	44.57	52.53	52.94	69.86
黑龙江	26.78	27.68	29.27	30.13	45.17	46.60	51.22	57.74
上海	56.93	57.07	57.15	62.68	52.21	55.74	59.88	60.91
江苏	49.70	47.49	46.46	49.11	60.77	61.19	64.79	75.47
浙江	30.26	31.18	30.86	31.42	29.63	30.24	30.13	34.28
安徽	27.84	25.85	24.00	21.74	21.76	39.03	44.90	47.88
福建	46.59	44.51	43.07	40.64	50.99	51.53	51.21	57.62
江西	31.91	31.66	26.36	26.61	41.20	47.24	48.84	52.80
山东	38.03	39.29	59.28	49.20	49.55	57.34	62.45	67.91
河南	28.96	27.31	25.08	23.63	26.17	28.61	28.42	46.48
湖北	24.20	24.66	22.49	24.64	29.14	40.87	35.54	36.41
湖南	25.75	26.10	26.58	24.76	32.13	44.31	41.84	41.26
广东	43.59	42.07	42.93	42.08	43.56	45.77	48.32	50.46
广西	27.91	28.95	27.01	27.42	31.76	52.23	63.44	62.09
海南	18.02	17.81	17.65	12.50	12.07	14.15	17.36	22.01
重庆	14.26	16.69	34.16	46.30	33.49	39.29	50.28	49.83
四川	22.42	22.57	21.04	21.63	58.90	56.79	66.53	70.15
贵州	16.41	16.55	25.51	16.66	34.15	52.87	42.13	37.55
云南	19.56	18.44	18.57	18.57	27.32	40.55	41.24	49.88
西藏	—	—	—	—	28.80	27.89	28.87	29.33
陕西	54.68	52.88	61.74	62.03	63.91	62.18	65.67	68.89

地区	2013 年	2014 年	2015 年	2016 年	2017 年	2018 年	2019 年	2020 年
甘肃	18.51	19.95	22.53	22.68	30.27	38.89	46.32	57.01
青海	35.49	32.60	38.24	41.34	44.91	45.47	45.97	43.45
宁夏	23.78	20.97	27.93	23.68	47.56	64.78	72.81	75.37
新疆	20.82	21.88	21.59	22.04	33.22	34.78	40.67	48.85
新疆生产建设兵团	30.33	30.56	32.03	22.37	27.21	32.78	31.82	33.87

资料来源:《中国城乡建设统计年鉴》(2013~2020 年)。

第六,村内主要道路有路灯的村庄数量不断增加。从国家统计局农业普查数据中查得关于农村道路路灯的公开数据。表 3–15 数据显示,十年来路灯修建比例有大幅提升,2016 年第三次农业普查时,全国村内主要道路有路灯的村庄占村庄总个数的占比为 61.92%,比 2006 年高出了 40.12%。从区域来看,与经济发展水平一致,东部地区主要道路有路灯的村庄占比处于较高的水平,2016 年达 85.9%,比 2006 年高出了 41.4%;中部地区该比例有大幅提升,从 2006 年的 13.0% 上升至 2016 年的 59.8%;西部地区 2006 年的路灯建设占比仅为 4.0%,2016 年虽有大幅上升,但也仅为 35.5%,与平均水平仍有较大差距;东北地区 2016 年的路灯建设比例为 54.1%,各区域的建设水平均有大幅提升。从《中国农村贫困监测报告》的相关数据也可得知,2016~2019 年我国农村主要道路有路灯比重也呈不断增加的趋势,由 2016 年的 52.1% 上升至 2019 年的 71.5%,年均增加 4.85%(见图 3–17)。

表 3–15　　　　　　我国各区域村内主要道路有路灯的村庄占比　　　　单位:%

地区\时间	2006 年(第二次农业普查)	2016 年(第三次农业普查)
全国地区	21.8	61.9
东部地区	44.5	85.9
中部地区	13.0	59.8

续表

地区\时间	2006 年（第二次农业普查）	2016 年（第三次农业普查）
西部地区	4.0	35.5
东北地区	10.9	54.1

资料来源：国家统计局第二次、第三次农业普查数据。

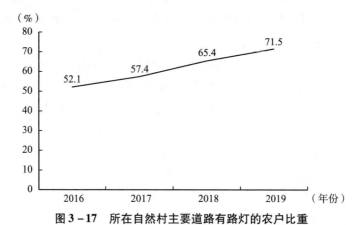

图 3 – 17　所在自然村主要道路有路灯的农户比重
资料来源：《中国农村贫困监测报告》（2018 ~ 2020 年）。

　　总的来说，随着时间的发展，我国村庄整治资金投入呈现不断增长态势，我国已开展整治的村庄占全部行政村比例大大提高，但与实际需求相比还有巨大差距，我国仍有接近一半的行政村没有开展村庄整治服务。经济发展水平比较高的一些省份已开展村庄整治的村落数量占全部行政村的比例在2016 年就已达到90% 以上，绿化水平也高出很多，但我国经济发展水平落后地区，已开展整治的村庄占全部行政村比例则仅在 40% 左右，绿化水平和道路、路灯等基础设施的建设水平相比之下也较低，村庄整治工作还有很大的短板要补齐。

3.2　基于微观调研数据的农村人居环境整治情况：以京津冀地区为例

　　本书关于农村人居环境整治的微观分析，主要为以京津冀区域为调研样本区展开的具体调研和分析。京津冀地区是继"珠三角""长三角"之后中国的第三大经济增长极，总面积近22万平方公里，常住人口超过1亿，其中大部分区域是农村，40%以上的人口生活在农村，并且京津冀农村人居环境整治水平存在差异（赵霞、姜利娜，2021），可以在一定程度上反映我国农村人居环境整治的整体水平。在这样的背景下，把握京津冀地区农村人居环境整治的推进现状及推进过程中存在的突出问题和原因，对于继续全面提升京津冀地区乃至全国农村人居环境质量具有重要的借鉴意义。

中国农业大学"推进农村人居环境整治研究"课题组，于2019年4～7月底赴北京市、天津市、河北省，选取合适调研地区，从农村生活垃圾治理、污水治理、厕所改造和村容村貌整治四个方面开展农村人居环境整治的调研工作。调研发现，京津冀三省市农村人居环境整治的做法同中有异，都取得了一定的成效，但也都面临一些亟待解决的问题。调研组通过深入调研对其具体做法和成效，面临的问题及成因进行了分析。

3.2.1 数据来源与样本特征

1. 数据来源

中国农业大学"推进农村人居环境整治研究"课题组，先后招募近140名调研员，结合2018年京津冀三地的地方统计年鉴资料，从乡村发展水平、地区GDP、人居环境整治情况、所处地理位置、人口密度等方面进行分析，选定北京市密云区、延庆区、顺义区、房山区，天津市蓟州区和武清区，河北省廊坊市、保定市和张家口市作为调研开展地区，并在每个市区选择二或三个乡镇，每个乡镇又选择2～4个行政村落，于2019年4～7月底赴实地，从农村生活垃圾治理、污水治理、厕所改造和村容村貌整治四个方面开展农村人居环境整治的调研工作。调研对象包括23个相关乡镇政府部门、66个村书记、1 531个农村居民。本次调研共收集到66份村级有效问卷以及1 531份村民有效问卷（见表3－16）。

表 3 – 16   调研地区与样本数量

调研地	调研区	调研村落	样本数量
北京	密云区、延庆区、顺义区、房山区	白各庄、北庄、仇家店、慈母、慈母川、大董、大庄科、古城、汉家川河南、后鲁、旧县、良正卷、米粮、暖泉会、前鲁、沙塘沟、石楼、石马峪、坨头、苇子峪、溪翁庄、向前、肖庄、张庄、支楼、走马庄	586
天津	蓟州区、武清区	小雷庄、丁家瞿、泗溜、定福庄、感化庄、后辛庄、南任庄、三里浅、桑梓、小潘庄、小唐庄、杨恒庄	269
河北	廊坊市、保定市、张家口市	白水港、北夹河、陈家务、大邵、东三义、东头、董各庄、凤凰台、顾庄、后部、梨树沟、李家窑、孟家务、南大地、南夹河、欧阳、石炕、四道沟、泗各庄、孙庄、仝家窑、西坨、小堡子、杨家、一村、中任、中所、邹庄	676

2. 样本描述性分析

本次调研收到的 1 531 份村民问卷数据中，男性样本有 757 份，女性样本 774 份，男女比例相当，女性稍多；职业方面，样本中更多是从事农业的村民，占 48.80%，民营企业员工也有 15.74%，国有企业员工有 6.25%，还有 0.62% 的村庄保洁员和 0.69% 的环保工作者；年龄更多集中在 50～69 岁，中老年群体占大多数；受教育程度方面，大部分受访者（82.17%）接受了 9 年以下的教育，即初中及以下学历，有 11.30% 未接受过任何教育，仅有 4.70% 的受访者接受了大学及以上教育；有 16.21% 的受访者为党员，33.47% 的受访者中家中有党员，17.11% 的受访者家中有村干部；2018 年家庭年收入在 3 万元以下的受访者占 47.68%，同时还有 2.61% 的受访者家庭年收入达到了 20 万元以上；家中有 1～2 位 60 岁以上老人的受访者占大部分（68.41%），其余样本的统计特征见表 3 – 17。样本可以反映出目前京津冀农村地区农户家庭存在受教育程度偏低，老年人口较多，家庭年收入存在较大差距等特点。

表 3-17 样本基本统计特征

统计指标	分类指标	比例（%）	统计指标	分类指标	比例（%）
性别	男	49.44	职业	一直务农	48.80
	女	50.56		教师	3.85
受教育程度（在校几年）	0 年	11.30		医生	1.03
	1~6 年	31.81		环保工作者	0.69
	7~9 年	39.06		社会组织志愿者	0.07
	10~12 年	13.13		民营企业员工	15.74
	13~16 年	4.18		国有企业员工	6.25
	16 年以上	0.52		村庄保洁员	0.62
家庭常住人口数	1~2 人	32.33		开办农家乐	1.10
	3~5 人	48.47		其他	21.86
	6~8 人	18.09	2018 年家庭总收入	10 000 元及以下	21.23
	9 人以上	1.11		(10 000, 30 000] 元	26.45
婚姻状况	已婚	87.12		(30 000, 50 000] 元	17.57
	单身	4.64		(50 000, 80 000] 元	14.76
	丧偶	7.85		(80 000, 120 000] 元	10.97
	离异	0.39		(120 000, 150 000] 元	4.25
年龄	20 岁以下	0.13		(150 000, 200 000] 元	2.16
	20~29 岁	2.87		(200 000, 250 000] 元	1.24
	30~39 岁	8.50		(250 000, 300 000] 元	0.46
	40~49 岁	13.06		300 000 元以上	0.91
	50~59 岁	28.02	身体状况	非常不健康	6.34
	60~69 岁	28.28		较不健康	13.65
	70 岁及以上	19.14		一般	17.05
是否为党员	党员	16.21		较健康	25.67
	非党员	83.79		非常健康	37.30
家中是否有村干部	现有或曾有	17.11	60 岁以上老人人数	0 人	29.42
	无	82.89		1 人	24.90
学龄前儿童人数	0	72.09		2 人	43.51
	1	20.80		3 人	1.70
	2	6.31		4 人	0.33
	3	0.80		5 人及以上	0.14

3.2.2　京津冀农村人居环境整治推进现状

经过政府、市场、村"两委"和村民的共同努力，京津冀三省市农村人居环境整治成效显著，生活垃圾基本可以得到集中收集处理，随便乱堆的情况基本扭转；生活污水开始朝着管网化治理的方向推进，随意乱排的情况已经较少；厕所改造持续推进，有改厕意愿的村民家中多数已完成或正在推进改厕工作；村容村貌整治方面，绝大部分村庄已完成硬化、亮化任务，已完成或者正在推进拆除"私搭乱建、乱堆乱放"工作。分省份来看，北京市在硬件设施建设方面更为完备，生活垃圾治理和生活污水治理走在三省市前列，厕所改造和村容村貌整治正在持续推动；天津市的硬件设施建设一般，生活垃圾治理主要采取政府主导模式，生活污水以排放到下水管道为主，厕所改造在整村持续推进，村容村貌整治方面，蓟州区探索的由妇联组织发起的"美丽庭院"工作，起到了以点带面的整治效果，走在三省市前列；河北省的硬件设施建设稍差，生活垃圾治理主要采取政企合作的模式，生活污水以排放到家中渗井和下水管道为主，厕所改造和村容村貌整治工作正在持续推进。

整体来看，京津冀三省市农村人居环境质量有较大提升，获得了广大农村居民的认可。所有受访村民中，有 73.99% 认为当前本村的环境状况较好或非常好，有 83.76% 认为近几年在村庄各类整治活动下，村庄环境变得更好，其中，北京市受访村民对目前村庄环境的要求更高，认为较好或非常好的占比稍低（60.4%），河北省该占比达 80.12%，天津市的满意程度则非常高，认为当前环境状况非常好的村民超过半数（50.56%），认为较好和非常好的村民总占比达 87.73%。与此同时，村民们也对本村庄四项重点整治任务的需求程度进行了排序，其中，28.67% 的村民认为，生活污水治理应当排在首位，19.86% 的村民认为生活垃圾的治理是当务之急，还有 15.94% 的村民认为本村最需要整治的问题在厕所。分地区来看，北京市和河北省有更多村民认为当前本村的生活污水治理仍需改善，天津市村民则认为生活垃圾和污水治理对于本村环境改善来说都很重要，同时北京市村民认为当前村庄私搭乱建、乱堆乱放问题也需要受到重视，天津市受访村民对于村庄绿化也提出了更高的要求，具体数据见表 3 – 18。

表 3-18 　　　　　当地村民认为本村人居环境最需要整治的问题 　　　　单位：%

项目	京津冀	北京市	天津市	河北省
生活垃圾治理	19.86	17.68	20.69	20.39
生活污水治理	28.67	28.08	20.31	29.61
厕所改造	15.94	14.56	15.71	16.47
村庄照明	4.05	4.85	1.53	4.23
村庄私搭乱建、乱堆乱放整治	8.43	14.21	5.75	4.68
村庄绿化	6.99	6.76	10.34	6.50
其他	6.66	5.89	6.51	5.59
无须要整治问题	9.41	7.97	19.16	12.54

那么在京津冀地区的具体实践中，这四项重点任务都是如何开展的？具体取得了哪些成效呢？接下来将从治理模式、投融资机制、建设管护机制、监督管理机制这四个维度对京津冀地区农村人居环境整治的推进现状进行深入分析。

1. 垃圾治理方面

农村生活垃圾包括生活垃圾、建筑垃圾、餐厨垃圾、生产垃圾等，本书主要就生活垃圾和建筑垃圾进行了深入的调研和分析。就生活垃圾治理而言，目前京津冀三省市主要采取了政府主导、多主体参与、严格监督管理的做法，具体见表 3-19。治理模式方面，北京市主要采用了"政府主导模式""市场主导模式"和"多元共治模式"，天津市以"政府主导模式"为主，河北省则以"政企合作模式"为主。投融资方面，三省市除了个别有税收来源的乡镇资金自筹外，资金投入主要依赖上级政府转移支付。建设管护方面，三省市根据实际情况，基本建立了"村收集—镇（乡）运转—县（市）处理"的机制，部分地区试行建立了"户分类—村收集—镇（乡）运转—县（市）处理""村收集—镇分类—镇运转—镇（区）处理"的机制。监督管理方面，三省市对于农村生活垃圾治理都有严格的监督管理机制，通过"明察暗访""微信群通报，限期整改""按标准打分考核""年度季度排名""领导约谈"等严格的监督管理措施，保证了农村生活垃圾基本能做到统一收集处理，村庄环境基本干净整洁。

表 3 - 19　　　　　　　　农村生活垃圾治理的主要做法及成效

项目	生活垃圾治理	建筑垃圾治理
治理模式	北京：以"政府主导模式""市场主导模式""多元共治模式"为主； 天津：以"政府主导模式"为主； 河北：以"政企合作模式"为主	三省市基本都采取村民自治模式
投融资机制	三省市基本都采取乡镇自筹和上级政府转移支付两种主要方式	三省市基本都采取转移支付、村集体出资、村民自筹三种主要方式
建设管护机制	三省市均以"村收集—镇（乡）运转—县（市）处理"机制为主； 部分地区探索试行"户分类—村收集—镇（乡）运转—县（市）处理""村收集—镇分类—镇运转—镇（区）处理"等机制	三省市的基本做法都是村庄自行填埋覆土
监督管理机制	三省市都建立有严格的市—县（区）—镇监督管理机制： 明察暗访→打分考核→排名评比→奖优罚劣	同生活垃圾治理
值得借鉴做法	北京市王平镇"多元共治"探索农村地区生活垃圾源头分类治理的道路； 北京市北庄镇"市场主导"探索农村地区生活垃圾二次分拣的垃圾分类治理道路	北京市王平镇探索的集中建筑垃圾，进行资源化利用的道路
整治成效	三省市基本都做到了"统一收集运输"，绝大部分村庄街道清扫干净、村民投放垃圾方便、生活垃圾清运及时	三省市都初步确定了村管建筑垃圾的方向

资料来源：根据调研资料整理所得。

特别值得借鉴的是，以北京市门头沟区王平镇为代表的"多元共治模式"，充分发挥了政府、市场、村"两委"和村民的比较优势，探索了一条农村地区生活垃圾源头分类治理的道路；以北京市密云区北庄镇为代表的"市场主导模式"，充分发挥了政府、市场的比较优势，探索了一条农村地区生活垃圾二次分拣的垃圾分类治理道路。

整体来看，京津冀三省市农村生活垃圾治理建设了较为完善的收运处理系统，得到了老百姓的认可，取得了一定的成效。对 1 531 个村民关于村庄垃圾收集情况进行的调研发现：首先，在村庄提供的生活垃圾治理服务方面，只有 1.50% 的村民反映村庄生活垃圾"随便扔，没有统一收集"，这一比例在北京为 1.54%，在天津为 0，在河北为 2.07%，都比较低；对村庄街道清扫频率的调查结果进行统计，结果表明每村每天平均有 1.66 次的统一清扫，其中北京市平均每村每天清扫 1.90 次，天津为 1.55 次，河北省为 1.48 次，即各地区都基本保证了每村每天至少一次的统一清扫；村庄垃圾清运方面，调查结果表明大约 1.85 天会进行统一清运，其中北京大约 1.52 天进行集中清运，而天津则是 1.39 天，河北省的频率稍低，平均 2.34 天进行一次清运；在村庄垃圾分类宣传方面，49.16% 的村民指出曾接受过与垃圾分类相关的宣传，其中北京市这一比例更高，达到 73.32%，天津市受访村民中曾接受过垃圾分类宣传的村民占比为 62.78%，河北省这一比例略低，仅为 30.07%，说明在农村生活垃圾分类方面，北京市相关部门的宣传力度更大，河北省相关部门的重视程度亟须提升。其中，广播是受访村落进行宣传最常用的方式，也是村民们认为最有效的方式（占 39.05%），还有 24.86% 的受访村民认为，挨家挨户上门指导的宣传方式最有效，17.16% 的受访村民则更认同村里开会培训的宣传方式。

其次，在村民自身的生活垃圾处理行为方面，79.43% 的村民表示本村基本没有或少有乱扔垃圾的情况出现，但也有 10.35% 的村民表示乱扔垃圾现象在本村仍然较严重或非常严重，其中北京该比例略高（15.53%），天津为 6.06%，河北为 7.69%；在厨余垃圾再利用率方面，有 58.06% 的受访村民表示对于剩饭剩菜、果皮蛋壳等厨余垃圾会选择直接丢弃，还有 41.94% 的村民会选择喂家禽家畜、沤肥等再利用方式；对于纸类、塑料瓶、玻璃瓶等可回收垃圾，仅有 20.20% 村民会选择直接丢弃，大部分村民会选择卖废品、继续使用等再利用方式进行回收；81.48% 的受访村民表示愿意进行垃圾分类，愿意的原因主要是能够卖钱（占 85.13%）和政府要求（占 83.46%），但同时也有 72.92% 的受访村民表示这样可以使垃圾循环再利用，47.49% 的村民表示可以减少污染。

最后，对村民关于生活垃圾治理效果评价进行调研，大部分村民对于本村垃圾处理各方面都有较好的评价，其中，78.02% 的村民对村庄街道清扫服务效果评价较高，80.17% 的村民对投放垃圾的便利程度评价较高，73.81% 的村民对垃圾清运效果评价较高，46.85% 的村民对垃圾分类宣传效果评价较高，82.41%的村民对本村垃圾桶（池、坑、房）的评价较高，分省份来看，这几方面的评价在三个省份均具有一致性（具体数据见表 3-20）。可见，目前京津冀农村地区的村庄垃圾清理服务覆盖范围广，能较好地惠及农户，同时农户自身的环境保护意识也越来越强，对可回收垃圾的循环利用和垃圾分类等行为有了更科学的认识和行动，但也存在清扫和清运效率亟待提升，垃圾投放便利程度不足，可循环利用的垃圾回收程度不够高，垃圾分类行动与知识宣传方式单一、宣传力度不足等问题。

表 3-20　　　　　　当地村民关于生活垃圾治理效果评价　　　　单位：%

指标	效果评价	京津冀	北京	天津	河北
本村街道清扫服务效果	非常差	3.31	4.69	1.90	2.53
	较差	4.43	7.20	1.90	2.97
	一般	14.23	16.25	9.13	14.56
	较好	32.16	35.18	22.81	32.69
	非常好	45.86	36.68	64.26	47.25
本村垃圾桶（池、坑、房）情况	无	3.95	4.36	10.11	1.03
	非常简陋	13.64	16.25	6.37	14.18
	较完备	59.09	60.80	49.06	61.15
	非常好	23.32	18.59	34.46	23.63
到指定投放点投放垃圾的便利程度	非常不方便	5.15	5.96	6.15	4.35
	较不方便	5.22	5.96	0.41	6.45
	一般	9.47	8.77	3.69	11.99
	较方便	25.67	31.40	11.48	25.49
	非常方便	54.50	47.89	78.28	51.72
本村垃圾清运效果	非常差	11.17	4.77	3.86	6.21
	较差	4.31	4.95	1.72	5.15
	一般	10.71	11.31	3.43	14.24
	较好	28.09	36.75	13.73	29.70
	非常好	45.72	42.23	77.25	44.70

续表

指标	效果评价	京津冀	北京	天津	河北
本村垃圾分类宣传效果	非常差	9.65	15.17	5.88	5.07
	较差	15.24	17.34	8.56	17.97
	一般	28.25	28.79	19.79	35.94
	较好	25.73	25.39	24.60	25.81
	非常好	21.12	13.31	41.18	15.21

就建筑垃圾治理而言，目前京津冀三省市农村建筑垃圾治理主要采取村庄自行填埋的做法。治理模式方面，采取村民自治模式。村"两委"负责选址，村"两委"或者村民负责联系车辆、人员进行填埋处理。投融资方面，根据政府和村集体的实际情况，采取乡镇政府转移支付、村集体出资或者村民自筹的方式来筹集资金。监督管理方面，与农村生活垃圾治理监督管理方式保持一致。此外，北京市王平镇试行建设了建筑垃圾资源化处理场，由村集体或者村民负责将建筑垃圾运至镇处理场，由镇政府通过购买服务的方式进行镇域内建筑垃圾的资源化处理。建筑垃圾治理，初步确定了如何治理、钱从哪里来、如何监管的方向。

2. 生活污水治理方面

目前京津冀三省市在生活污水治理中主要采取了政府主导的管网化处理和村民自治的渗漏、自然蒸发处理两种做法，具体见表 3-21。治理模式方面，主要有项目制和村民自治两种。项目制是由上级政府部门出资建设排污管网和后端处理设施，实行管网化治理的模式。村民自治的模式，是由村集体或者村民自行建设渗井、沟渠，通过渗漏或自然蒸发治理生活污水的模式。后者基本不需要过多财力和人力投入，前者需要解决日常运行维修的问题。日常运维中所需资金，主要有三种筹措方式：部分村庄主要由地方财政负担；部分村庄由村集体负担；还有部分村庄由村集体和村民共同筹措。日常管护方面，囿于专业性，主要通过购买服务来进行日常管护。

表 3 – 21　　　　　　　农村生活污水治理的主要做法及成效

项目	生活污水治理
治理模式	项目制：由上级政府部门出资建设排污管网和后端处理设施，实行管网化治理的模式； 村民自治模式：由村集体或者村民自行建设渗井、沟渠，通过渗漏或自然蒸发治理生活污水的模式
投融资机制	项目制：建设资金筹措主要由上级政府专项资金支持；运行维修资金主要有地方财政出资、村集体出资、村集体与村民共同出资三种方式。 村民自治模式：村民自己负担或者村集体与村民共同承担
建设管护机制	项目制：购买服务的方式外包； 村民自治模式：村民自行建设管护
监督管理机制	不完善
整治成效	生活污水随意排放的情况大大减少，近一半村民的生活污水排放到了下水管道。京津冀三省市生活污水排到下水管道的村民占比分别为67.24%、50.93%和28.85%

　　整体来看，管网化治理逐渐成为京津冀三省市农村生活污水治理的发展方向。对村民关于家中生活污水排放方式进行调研，生活污水直接排放到院外路上的比例已经较小，占10.65%，排放到院外沟渠和家中渗井的比例共占36.77%，排放到下水管道的比例占47.42%。对比来看，北京市和天津市生活污水以排到下水管道为主，占比分别为67.24%和50.93%，河北省生活污水以排到家中渗井（30.92%）和下水管道（28.85%）为主，并且仍有17.16%的受访村民表示会直接将生活污水排放在院外路上，这一比例大大高于北京（5.80%）与天津（4.83%）（见表 3 – 22）。关于村民对村庄生活污水处理效果的评价调研，结果表明目前村民满意度较低，有54.28%的受访者认为当前村庄污水处理效果非常差，还有15.87%的受访者认为效果较差或一般。其中，北京市和天津市的满意度略高，北京有35.32%的村民认为效果非常好或较好，还有40.10%的村民认为效果非常差；天津有44.98%的村民认为效果非常好或较好，还有40.52%的村民认为效果非常差；河北省这一指标的满意度较差，有高达72.04%的受访村民表示处理效果非常差，仅有19.08%的村民认为效果较好或非常好

（见表3-23）。结合河北省农民的生活污水排放方式占比数据来看，河北省村落急需提高对于生活污水治理的重视程度，加大资金投入力度，保障基础和后端设施的建设和相关服务的落实。

表3-22　　　　　　　　　生活污水排放方式　　　　　　　　　单位：%

项目	京津冀	北京	天津	河北
排放到院外路上	10.65	5.80	4.83	17.16
排放到院外沟渠	16.33	15.36	18.22	16.42
排放到家中渗井	20.44	10.07	16.73	30.92
排放到下水管道	47.42	67.24	50.93	28.85
其他	5.16	1.53	9.29	6.65

表3-23　　　　　　　对于本村生活污水处理效果的评价　　　　　　　单位：%

项目	京津冀	北京	天津	河北
非常差	54.28	40.1	40.52	72.04
较差	3.07	5.29	2.23	1.48
一般	12.8	19.28	12.27	7.4
较好	16.2	24.23	16.36	9.17
非常好	13.65	11.09	28.62	9.91

3. 厕所改造方面

目前京津冀三省市厕所改造主要采取政府主导，市场运作，村民自愿参与的做法，具体见表3-24。治理模式方面，主要有两种：一是由镇政府购买工程队服务统一进行镇域内厕所改造；二是以镇政府补贴的方式，由村委会组织工程队进行厕所改造。厕所改造类型主要有三种：双瓮式厕所、三格式厕所和冲水厕所。投融资方面，主要是政府出资，部分地区补贴标准低于建设成本，需要村民或者村集体出一部分资金来补充。日常管护方面，一般指厕所粪污的处理，主要由村民自己负责，通过沤肥还田、排到下水管道和花钱请人来掏三种主要方式处理。

表 3 – 24　　　　　　　　　　农村厕所改造的主要做法及成效

项目	厕所改造
治理模式	镇政府购买服务建设和村委会购买服务建设，政府补贴两种 主要改造类型：双瓮式厕所、三格式厕所和冲水厕所
投融资机制	政府出资为主，村集体或村民出资为辅助
建设管护机制	村民自行管护
监督管理机制	不完善
整治成效	近 2/3 的家庭已经完成厕所改造，没改厕的家庭，有一半的村民自己建设了卫生厕所或室内冲水厕所。京津冀已经改厕的村民占比分别为 63.92%、74.53% 和 58.84%

　　整体来看，有改厕意愿、有条件改厕的村民家中大多已经完成或者正在推进改厕工作。并且绝大部分厕所粪污都可以得到无害化处理或者资源化利用。对京津冀村民关于厕所改造情况进行调研，63.54% 的家庭已经进行过厕所改造，没有参与厕所改造的家庭，53.61% 是因为自家建了卫生旱厕或冲水厕所，还有部分是因为正处在项目审核期或者施工条件不允许（比如，河北部分村庄胡同过于狭窄，施工设备无法进入，导致无法进行厕所改造）。分省份来看，北京市已进行厕所改造的家庭占 63.92%；天津市这一比例较高为 74.53%；河北省这一比例较低，为 58.85%，且未进行厕所改造但自家安装卫生旱厕和水冲厕所的比例也较低，仅有 38.27%（见表 3 – 25）。对村民关于厕所粪污处理方式进行调研，排在前三位的处理方式，依次是排放到下水管道（占 32.87%）、花钱请人清理（占 29.1%）和沤肥还田（占 27.69%）。三个省份村民厕所粪污处理方式存在差异，北京市以排放到下水管道（占 46.23%）为主，天津市以花钱请人清理（占 41.42%）为主，河北省以沤肥还田（占 44.38%）为主（见表 3 – 26）。在村民对本村卫生厕所改造效果方面，村民评价两极分化较为严重，有 36.64% 的村民认为效果非常差，但还有 44.02% 的村民认为效果较好或非常好，在北京和河北两地这一现象也较为明显，北京地区有 38.05% 的村民认为本村改厕效果非常差，还有 37.20% 的村民认为改厕效果较好或非常好，河北地区有 41.72% 的村民认为效果非常差，但也有 42.16% 的村民认

为效果较好或非常好，两类评价比例基本相当；而天津地区的改厕满意度较高，有46.10%的受访村民认为改厕效果非常好（见表3-27）。

表3-25　　　　　　　　　　　厕所改造情况　　　　　　　　　　单位：%

地区	已完成厕所改造的村民比重	未完成厕所改造但家中自建卫生旱厕和水冲厕所的村民比重
京津冀	63.54	53.61
北京	63.92	72.25
天津	74.53	58.82
河北	58.85	38.27

表3-26　　　　　　　　　　　厕所粪污处理方式　　　　　　　　单位：%

项目	京津冀	北京	天津	河北
沤肥还田	27.69	16.81	9.33	44.38
排放到下水管道	32.87	46.23	29.85	22.64
排放到沼气池	5.78	3.85	12.69	4.65
花钱请人清理	29.10	29.60	41.42	23.83
其他	4.56	3.51	6.71	4.50

表3-27　　　　　　　对于本村卫生厕所改造效果的评价占比　　　　单位：%

评价等级	京津冀	北京	天津	河北
非常差	36.64	38.05	20.82	41.72
较差	5.36	6.31	4.09	5.03
一般	13.98	18.43	11.52	11.09
较好	19.33	23.55	17.47	16.42
非常好	24.69	13.65	46.1	25.74

4. 村容村貌整治方面

目前京津冀三省市村容村貌整治主要采取政府引导，村集体自治的做

法，具体见表 3-28。治理模式方面，因项目而异。村容村貌整治涉及村庄
的硬化、亮化、绿化、美化、"私搭乱建、乱堆乱放"整治等多个方面，京
津冀三省市硬化和亮化以政府主导模式为主，以村民自治模式为辅；绿化、
美化和"四乱"整治则以村民自治模式为主，政府支持为辅。绝大部分地
区基层党员、村"两委"在村容村貌整治中发挥了示范带头作用。投融资
方面，硬化和亮化以项目制为主，政府出资建设；绿化、美化和"四乱"
整治以村集体出资为主，政府出资为辅。日常管护方面，道路修缮主要由政
府负责，路灯修缮，绿化、美化主要由村集体负责。监督考核方面，主要是
对"四乱"整治的监督考核与农村生活垃圾治理一样，有严格的监督考核
机制。尤其值得借鉴的是，天津市蓟州区妇联带动开展的"美丽庭院"活
动，通过妇联组织成立家政服务中心，聘请老师、妇女代表讲解"清洁我
家"的技巧方法，提高了妇女建设"美丽庭院"的水平；通过开展志愿服
务、"星级户"评选、"晒晒我家小院"等一系列活动，激发了妇女建设
"美丽庭院"的热情，从"清洁小家"到"干净大家"，由点到面推进村庄
的环境卫生整治工作。

表 3-28　　　　　　　　村容村貌整治的主要做法及成效

项目	村容村貌整治
治理模式	硬化、亮化以政府主导模式为主； 绿化、美化、"私搭乱建、乱堆乱放整治"以村民自治模式为主
投融资机制	硬化、亮化：政府出资建设为主； 绿化、美化、"私搭乱建、乱堆乱放整治"村委会出资为主
建设管护机制	村"两委"负责日常管理维护
监督管理机制	不完善
值得借鉴的做法	天津市蓟州区妇联组织发起"美丽庭院"活动，激发了妇女参与环境整治的热情
整治成效	大部分村民对村容村貌整治很满意，三省市差异不大

整体来看，三个省份在村容村貌整治方面得到了大部分村民的认可。
对村民关于村容村貌整治效果进行调研，72.83%的村民认为当前村容村

貌整治的效果较好或非常好，73.13%的受访者对本村的居住环境整治行动表示较满意或满意。分地区来看，北京地区受访村民对村容村貌的要求较高，对目前状况的满意程度稍低，认为较好或非常好的占比为60.55%，对居住环境整治行为较满意或满意的村民占比为62.03%；而天津地区村民认为目前村容村貌较好或非常好的占比为86.19%，对居住环境整治行为较满意或满意的村民占比为85.72%；河北省村民认为当前村容村貌较好或非常好的占比为78.18%，对居住环境整治行为较满意或满意的村民占比为77.81%。具体来看，京津冀地区的"四乱"整治情况总体较好，规模化养殖场的粪便处理方式基本是环保科学的，随意排放的比例很小（占10.97%），村庄乱停车、乱占道、乱建房现象也基本没有或少有（占67.80%）。北京地区受访村民对于该问题的反映更多（占32.19%），87.91%的受访农民称村内没有陈年堆放的垃圾堆或坑，但天津和河北地区仍有接近15%的村民称仍有没有处理的垃圾堆或坑，这是值得注意的问题。村庄绿化情况方面，绝大部分受访农民对于路灯使用的评价较好（占87.81%），三省份在这方面的评价具有一致性。村庄绿化效果方面，满意和比较满意的受访村民占比为64.96%；同时北京市农村居民对于村庄绿化的要求更高，认为效果较好或非常好的占比略低（占54.02%），还有20.68%的受访村民对当前绿化水平表示不满意；天津与河北较为满意的农户比例分别为79.10%和68.85%。在本村配套设施服务情况方面，大部分村民对小卖部、农家乐等经营单位的规范性持肯定态度（占66.55%），三地区在该方面的调查结果较为一致，但天津和河北地区还有12.69%和11.01%村民表示本村没有小卖部，这将较大程度上影响村民的生活便利性（见表3-29）。总体来说，目前村民对于村庄村容村貌的整治行动及当前效果基本持肯定态度，所有受访者对于本村村容村貌的打分均值为3.99分，对整治行动的打分均值为4.00分（满分均为5分），但部分村落也存在一些顽固问题，如乱停车占道、乱堆放垃圾等，需要相关部门及时检查督导，以进一步提升村容村貌，完善长效机制。

表 3 - 29　　　　　　　　　　村容村貌整治情况　　　　　　　　单位：%

整治方向	问题	选项	京津冀	北京	天津	河北
村庄"四乱"整治情况	有规模化养殖场村庄的粪污处理情况	排放到河里	3.87	9.09	1.09	4.32
		排放到路边沟渠	7.10	9.09	8.70	5.95
		沤肥还田	43.55	24.24	28.26	54.59
		粪污处理设施处理	15.81	3.03	34.78	8.65
		其他	29.68	54.55	27.17	26.49
	村庄乱停车、乱占道、乱建房现象	基本没有	55.78	32.87	72.49	68.90
		少有	12.02	15.66	8.55	10.27
		一般	13.99	19.28	10.78	10.71
		较严重	10.97	18.59	6.32	6.25
		非常严重	7.23	13.60	1.86	3.87
	村庄内陈年垃圾乱堆乱放现象	无	87.91	93.32	84.27	84.65
		有	12.09	6.68	15.73	15.35
村庄绿化情况	村庄内绿化水平	非常差	5.97	7.35	1.87	6.41
		较差	9.06	13.33	4.10	7.30
		一般	20.01	25.30	14.93	17.44
		较好	32.55	34.02	27.61	33.23
		非常好	32.41	20.00	51.49	35.62
村庄亮化情况	村庄路灯照明情况	没有安装路灯	2.56	2.40	0.00	3.71
		没有使用路灯	1.31	1.89	0.00	1.34
		路灯使用效果差	8.33	12.52	2.23	7.13
		路灯使用效果一般	21.25	28.13	8.18	20.51
		路灯使用效果好	66.56	55.06	89.59	67.31
配套设施服务情况	村庄农家乐、小卖部等经营情况	无小卖部	7.42	0.86	12.69	11.01
		非常不规范	1.97	1.89	1.87	2.08
		较不规范	3.94	5.50	1.49	3.57
		一般	20.11	21.65	15.30	20.68
		较规范	30.68	42.10	22.39	24.11
		非常规范	35.87	28.10	46.27	38.54

整治方向	问题	选项	京津冀	北京	天津	河北
村民满意度情况	村庄村容村貌的村民满意度	非常差	2.37	3.60	0.37	2.09
		较差	5.26	9.09	1.49	3.44
		一般	19.54	26.76	11.94	16.29
		较好	36.12	37.39	29.10	37.82
		非常好	36.71	23.16	57.09	40.36
	村庄居住环境整治行为的村民满意度	非常差	2.57	4.12	0.38	2.10
		较差	4.82	9.11	0.38	2.85
		一般	19.47	24.74	13.53	17.24
		较好	35.84	37.46	28.95	37.18
		非常好	37.29	24.57	56.77	40.63

3.2.3 京津冀农村人居环境整治突出问题与成因

随着政府治理力度的加大，京津冀地区农村人居环境整治工作取得了一定的成效，已经具备基本的硬件设施和制度框架，但也存在一些突出问题。在垃圾治理方面，存在居民随意乱扔垃圾、垃圾收集运输不及时、垃圾集中处异味问题严重、建筑垃圾不能有效处理的问题；在生活污水治理方面，存在技术不适用、新兴技术采用率低、投入资金大、运维成本高、难以维持的问题；在厕所改造方面，存在不能因地制宜、基础设施不足、改造成本过高的问题；在村容村貌整治方面，存在整治主体动力不足、资金不够、方向不明、监督机制不完善的问题。各重点任务面临的突出问题及成因分析如下。

1. 垃圾治理方面

生活垃圾治理方面主要面临居民随意乱扔垃圾、垃圾产生量大，垃圾收集运输不及时的问题。对村民关于生活垃圾治理最需要改善的问题进行调研，67.41%的村民反映"没有需要改善的问题"，9.34%的村民反映"村民随意丢弃垃圾"的问题需要改善，7.84%的村民反映"居民产生垃圾太多"的问题需要改善，6.27%的村民反映"收集运输不及时"的问题需要改善，还有小部分村民着重提出了目前生活垃圾堆放处异味严重的问题，这都对于美丽乡村建设产生了较大阻碍。分省来看，这三个需要改善的问题在三个省份具有一致性（见表3-30）。除了这些共性问题，还存在一些地区差异的问题：（1）部分以乡村旅游、民宿创收的村庄，游客带来了大量的垃圾，给当地生活垃圾治理带来巨大压力；（2）部分规模较大、居住分散的村庄，对村民和保洁员的监督管理困难，生活垃圾治理难度加大。

表3-30　　　　　　农村生活垃圾治理最需要改善的问题

本村生活垃圾治理最需要改善的问题	京津冀		北京		天津		河北	
	样本量	占比(%)	样本量	占比(%)	样本量	占比(%)	样本量	占比(%)
没有	1 032	67.41	381	65.02	207	76.95	444	65.68
居民产生垃圾太多	120	7.84	51	8.70	15	5.58	54	7.99
随意丢弃垃圾	143	9.34	61	10.41	19	7.06	63	9.32
随意焚烧	10	0.65	4	0.68	1	0.37	5	0.74
收集运输不及时	96	6.27	42	7.17	6	2.23	48	7.10
保洁员责任心不强	35	2.29	17	2.90	6	2.23	12	1.78
陈年垃圾没人处理	28	1.83	9	1.54	3	1.12	16	2.37
其他	67	4.38	21	3.58	12	4.46	34	5.03

建筑垃圾方面主要面临如何有效治理的问题。建筑垃圾目前主要处理模式是由村集体填埋。但建筑垃圾体量大，且难以降解，部分平原地区的村庄已经出现了无处填埋的困境。对于山区、丘陵地区的村庄，将建筑垃圾简易填埋在山沟中，随着填埋量不断增多，后期隐患难以预测，应该引起重视。以北京市门头沟区王平镇为代表的部分乡镇尝试将建筑垃圾进行资源化利用，但是由于扬尘等问题，不能通过环保评估，不得不终止项目。建筑垃圾将如何有效处理是一个不容忽视的问题。

总体来看，一方面是随着村民生活水平的提高，垃圾产生量不断增多，而村民的环保意识还比较薄弱，没有养成垃圾集中处理的习惯，另一方面是部分地区还没有形成严格的监管制度和有效激励制度，导致村民主体性难以发挥，村"两委"监管乏力，再加上竞争性的环卫市场还没有形成，垃圾集中清扫清运的效率亟待提升，这些都进一步弱化了监督管理的作用。目前垃圾治理比较迫切的是培养村民形成良好的环境卫生习惯，培养壮大环卫市场和有效治理建筑垃圾。

2. 生活污水治理方面

生活污水治理主要面临技术和资金问题，"建好不用，只晒太阳"的现象普遍存在。针对农村地区生活污水治理基本还是套用城市思路，实行管网化治理，适切技术还没有得到推广，但目前的财政资金和村集体收入并不能负担这么巨大的建设投入和运行费用。调研过程中，一个常住居民138户的美丽乡村，由于人口流动频繁，污水处理设备经常非正常运行，年运行维修费用高达10万元，超出了村集体的承受范围，导致该工程沦为"晒太阳工程"。并且这种情况不是个例，某乡镇由住建局牵头建设了21个污水处理终端，但是由于后期的运行成本太高，目前正常运行的并不多。天津于桥水库周边村庄，囿于保护水源需要，建立了连片的污水处理系统，解决了村庄污水处理的问题，但这些设备的建设和后期运维成本，大部分是财政支持的，并且覆盖面有限。对村民关于生活污水治理最需要改善的问题进行调研，所有受访者中，有56.83%的村民表示本村的污水治理有需要改善的方面，对铺设管道的村庄中的村民关于污水处理效果评价进行调研，发现近42.58%的村民对污水处理效果不满意，并且这两个比例在三省市不存在显著差异，34.42%的村民反映希望"统一铺设下水管道"，11.95%的村民反映希望"下水管道进行改造"，还有7.97%的村民反映需要进行"雨水污水分离"，这都对美丽乡村建设产生了较大阻碍。分省来看，这三个需要改善的问题在三个省份具有一致性，且河北省村民对于统一铺设下水管道的诉求最大（占45.56%）（见表3-31）。

表 3－31　　　　　　　　　农村生活污水治理最需要改善的问题

本村生活污水治理最需要改善的问题	京津冀		北京		天津		河北	
	样本量	占比（%）	样本量	占比（%）	样本量	占比（%）	样本量	占比（%）
没有	661	43.17	249	42.49	152	56.51	260	38.46
统一铺下水管道	527	34.42	156	26.62	63	23.42	308	45.56
下水管道改造	183	11.95	108	18.43	29	10.78	46	6.8
雨水污水分离	122	7.97	51	8.70	19	7.06	52	7.69
其他	46	3.00	23	3.92	9	3.35	14	2.07

究其原因，一方面，地方顶层设计与村民需求之间存在较大脱节，一些地方为了争取专项资金，硬上一些项目，却疏于管理，大量设施只能闲置不用；另一方面，农村生活污水治理大多套用城市标准，缺乏技术和成本符合农村地区的治理模式。城市标准与居住分散、用水规模小、人口流动性大、水量不稳定的农村实际情况不符合，运维成本高，村集体无力承担。生活污水治理管网化需要大量的资金投入，并非农村生活污水治理的最佳方案，目前生活污水治理比较迫切的是推广在技术和成本方面更适合农村地区的治理模式。

3. 厕所改造方面

厕所改造方面主要面临技术适用性、粪污处理适用性、成本适用性、习惯适用性的问题，导致"农村厕所改造不收费，农民还不乐意"并非个例。技术方面：（1）京津冀地区冬季寒冷，在没有保暖措施的情况下，双瓮式、三格式和冲水厕所冬天易冻，维修麻烦，降低了村民参与改厕的积极性。（2）由于厕所改造"重建设，轻管理"，缺乏对村民开展卫生厕所使用的宣传，建造好的卫生厕所由于使用不当，失去了卫生厕所的作用，并且容易出现故障，降低了村民改厕的积极性。粪污处理方面：（1）部分村民想要自己在室内建冲水厕所，但没有污水管道，排污问题没法解决。（2）部分地区统一改为冲水厕所，但没有铺设污水管网，一些村民为了节约清掏成本，不愿意使用新厕所。成本方面：（1）厕所改造之前，村民厕所粪污大部分采取自然渗漏的方法，一年清掏 1~2 次即可，改为双瓮式或者三格式之后，由于储存空间小，村民一年要清掏数次厕所粪污，大大提高了清理成本，降低了村民参与改厕的积极性。（2）部分地区用水是需要付费的，改为冲水厕所，增加了村民的使用成本，降低了村民改厕的积极性。习惯方面：调研过程中，有村民反映，当地都是用土覆盖，厕所粪便都可以还田处理，他们不愿意改厕。对村民关于厕所改造最需要改善的问题进行调研，所有受访者中，有 47.81% 的村民表示本村厕所改造有需要改善的方面，分地区来看，天津市村民认为当前本村厕所改造没有需要改善问题的比例最高（62.45%），北京市与河北省的受访村民都有接近一半认为本村厕所改造需要有所改进。13.13% 的受访村民反映存在"公厕不够用"问题，10.78% 的村民反映存在"户厕卫生问题"，还有 15.15% 的村民反映当前"户厕排污"仍存在很大问题，这都对于美丽乡村建设产生了较大阻碍。分省来看，这三个需要改善的问题在三个省份具有一致性（见表 3-32）。

表 3-32　　　　　　　　农村厕所改造最需要改善的问题

本村厕所改造最需要改善的问题	京津冀		北京		天津		河北	
	样本量	占比（%）	样本量	占比（%）	样本量	占比（%）	样本量	占比（%）
没有	799	52.19	288	49.15	168	62.45	343	50.74
公厕经常不开放	52	3.40	33	5.63	4	1.49	15	2.22
公厕不够用	201	13.13	79	13.48	21	7.81	101	14.94
户厕卫生问题	165	10.78	53	9.04	29	10.78	83	12.28
户厕排污问题	232	15.15	100	17.06	34	12.64	98	14.50
其他	99	6.47	42	7.17	15	5.58	42	6.21

究其原因，一方面主要是技术支撑不到位，缺乏长效运行机制，加上有些村庄对施工质量把关不严，缺乏改厕过程的监督和纠错机制，导致新改厕所质量良莠不齐，村民对使用效果不满意。另一方面，对改厕的宣传不够，政策落实不到位。部分农户对当前农村厕所改造的重要性认知不够，原先的排污习惯难以改变，加上害怕花销过高等原因，不愿意参与改厕行动，

而参与改厕的部分农户，对厕所使用维修知识缺乏，加上村庄对农户的使用指导和保障服务不足，用了一段时间觉得不方便，就不再使用了。由此可见，目前我国农村厕所改造比较迫切的需求是加强技术支撑，建立长效运行机制，并加大对厕所改造的宣传力度，为村民提供有效的保障和指导服务。

4. 村容村貌整治方面

村容村貌整治方面主要面临动力不足，资金不够，方向不明的问题。一方面，村"两委"作为村容村貌整治的组织者，缺乏整治的积极性；另一方面，村集体缺乏收入，没有财力支持村庄进行村容村貌整治。另外，地方政府没有一个明确的方向，私搭乱建、乱堆乱放整治过后，没有进一步发展规划，村容村貌整治拆除"危、旧、乱"容易，治出"美、净、绿"难。对村民关于村容村貌整治最需要改善的问题进行调研，所有受访者中，有43.89%的村民表示本村的村容村貌整治行动有需要改善的方面，分地区来看，天津市和河北省村民认为当前本村村容村貌整治没有需要改善问题的比例较高，分别为65.80%和62.28%，北京村民认为不再需要改善的比例则比较小（44.54%）。11.82%的受访村民反映存在仍"私搭私建"问题，9.27%的村民反映存在"乱堆乱放"问题，还有9.41%的村民反映当前"村庄夜间照明"仍需要改善，11.04%的村民反映当前"村庄绿化水平"仍需要进一步提高，这都对于美丽乡村建设产生了较大阻碍。分省来看，北京市村民对于私搭乱建问题的意见最大，认为需要迫切改善（20.65%）；而天津市村民对于村庄绿化的需求最大（17.10%）；河北省受访村民则更多提出需要改善村庄夜间照明问题（11.69%）（见表3-33）。

表 3-33　　　　　农村村容村貌整治最需要改善的问题

本村村容村貌整治最需要改善的问题	京津冀		北京		天津		河北	
	样本量	占比（%）	样本量	占比（%）	样本量	占比（%）	样本量	占比（%）
没有	859	56.11	261	44.54	177	65.80	421	62.28
私搭乱建	181	11.82	121	20.65	19	7.06	41	6.07

本村村容村貌整治最需要改善的问题	京津冀		北京		天津		河北	
	样本量	占比（%）	样本量	占比（%）	样本量	占比（%）	样本量	占比（%）
乱堆乱放	142	9.27	82	13.99	11	4.09	49	7.25
村庄夜间照明	144	9.41	59	10.07	6	2.23	79	11.69
村庄绿化	169	11.04	52	8.87	46	17.10	71	10.50
其他	67	4.38	34	5.80	17	6.32	16	2.37

究其原因，一方面，宣传工作开展力度不够，村干部存在认知"偏差"，没有把环境卫生整治作为农村发展的大事来抓，工作缺乏责任心，"等、靠、要"思想严重。另一方面，由于历史欠账多，村"两委"有"畏难"情绪。长期以来，由于缺乏资金保障、奖惩机制不健全，村"两委"在日常工作中很少，甚至没有召集大家协商村容村貌整治的意识，当下要把这一涉及千家万户的事做起来，需要极大的决心和毅力，面对此景村干部容易打退堂鼓，使工作难以落实。还有监督机制不够完善的问题，这将导致"短暂改善、应付检查"的现象屡屡发生，良好的村容村貌难以得到长时间的维持。目前村容村貌整治比较迫切的是加大宣传力度和对村干部的激励力度，调动村"两委"的工作积极性和热情，并建立长效的监督检查机制。

3.3 当前我国农村人居环境整治机制面临的困境和突出问题

整体而言，虽然农村人居环境整治取得了一定成效，但由于参与治理主体、政策实施对象以及治理机制的不同，治理过程中呈现出异质性影响整体效果，因此当前农村人居环境整治机制仍然面临诸多困境，如果不能从体制机制上进行重构和创新，将在很大程度上影响到下一步农村人居环境整治工作的有序开展。具体而言，存在如下诸多问题。

3.3.1　政府层面

1. 治理权力相对集中于政府

治理农村人居环境是党和国家的战略部署，按照现有的领导体制顶层设计通过自上而下的行政系统最终由基层政府来实施，基层政府特别是乡镇政府应认真学习文件，深刻领悟其精神，然后结合不同村庄的实际，由利益相关者共同开展农村人居环境整治工作。

但目前许多地方农村人居环境整治的具体项目、资金筹集与使用、项目进展与验收等基本由基层政府全权负责，村庄等利益相关者仅负责项目的联络与跟进。虽然部分村干部参与了农村人居环境整治相关决策，但村干部更多时候充当了基层政府的助手，并没有充分发挥其作用，普通村民更是参与不足。

目前，在我国农村人居环境整治工作中许多地方政府主导了大部分事宜，治理权力相对集中于政府，基层政府对村庄的指导习惯性地演变为领导。政府单边主导农村人居环境整治容易可能导致项目设计不合理、资金安排不恰当等问题的出现。此外，政府单边主导意味着政府要投入更多的资源，委派更多的人员来完成相关工作，同时还要考虑再投入一定数量的人力来监督被委派人员，形成了农村人居环境整治中的内卷化现象。

2. 基层政府各部门及与村民之间缺乏沟通协调机制

首先，农村人居环境整治任务涉及农林、水利、建设、资源、财政等多个部门，一些地区在治理过程中，政府各个职能部门之间缺乏联系和沟通，且未做到落实各方责任、健全监督评估机制，出现权责边界模糊的情况，在农村人居环境整治过程中缺乏相关协调与合作，导致有些工作无人管、有些工作扎堆管的情况出现（缪玲玲，2021）。

其次，中央一号文件着重强调，人居环境整治要符合农民实际需求，但目前在人居环境整治过程中，仍然存在基层政府与村民缺乏沟通的情况，不够了解村民实际需求，未能结合实际制订治理工作计划，导致政策执行与实际情况脱钩。并且一些乡镇公务员或村委领导班子缺乏实际治理经验，对相关政策的理解和领会不够透彻，在工作推进过程中可能会产生问题和困难，导致农村人居环境整治供给与需求不匹配问题。

3. 片面追求绩效利益

近年来国家重视生态文明的建设与发展，并制定了严格的制度和严明的法律，完善了一套环保绩效考核标准，约束基层政府和管理人员完成考核任务、达到相关标准。但目前来说，一些地方政府没有明确自身的责任主导地位，过于追求利益最大化和考核达标，往往更加注重规定时间内是否完成农村环境治理、是否能够应对上级考核，进而进行"一刀切"式治理，在农村环境治理工作中缺乏长远的战略规划，这样不仅会忽视一些见效慢、利长远的治理工作以及农民的感受，还可能会导致环境问题反复出现。

村委会虽然属于农民自发组织、选举产生的自治组织，但也承担了基层治理的管理执行任务，部分村委会存在服务意识薄弱、形式主义、官僚主义等问题，较少考虑农民群众的实际需求，为民办事、以民为主的治理理念未融入人居环境整治中，不愿承担过多责任。还有一些村委会注重追求经济效益，单纯地以经济增长作为考核标准，不惜以牺牲环境为代价，引入一些高污染高收益的企业，对于企业污染问题放任不管，导致经济发展和生态的失衡。现有村干部工资较低，工作激励不足，工作积极性不高，一旦上级政府减少相关工作激励，村干部的配合度会更低，这也会导致人居环境整治存在困境。

3.3.2 村民层面

1. 村民环保意识薄弱

随着社会经济的不断发展，农民也提高了对生活质量的要求，但村民的环保与卫生意识却未得到相应的增强。和城市人群相比，村民的受教育水平较低，环境意识较为薄弱，许多村民对生活垃圾、厕所、污水、村容村貌等方面缺乏正确的认识，仍然存在随意将垃圾乱扔乱放，污水随意倾倒，粪污未能及时进行清理等问题。农村"空心化"问题使农村目前以老人、妇女儿童为主要人口组成部分，文化程度普遍较低，收入也较低，对于本村环境问题关注较少。并且大多数村民普遍认为农村人居环境整治是政府和村委会的职责，只管自家事，农民在治理过程中参与度不高，因此对农村生态环境保护意识较低。尤其是较为偏远的落后地区，村民将更多的精力放在增加收入方面，在参与人居环境整治方面的自觉性和积极性更低，人居环境整治难度更大（王冰，2021）。同时农村人居环境的宣传教育未得到全面普及，这进一步增加了基层政府的工作量，拉长了农村人居环境整治的战线。

2. 传统生活习惯根深蒂固

尽管生活水平不断提高，但不少农村居民对环境保护和资源利用意识还较为薄弱，生活习惯、生产方式较为传统和落后。日常生活中的一些不良陋习和行为会不自觉地污染和破坏环境，例如秸秆焚烧、污水排放、滥砍乱伐、化肥农药过量使用、粪污随意处理等，会造成农村土壤、水源、空气产生不同程度的污染。一些村民家中的牛、猪、鸡等家禽依然按照传统方式养殖，多在房屋附近圈养或散养，畜禽粪便随意乱排堆放，产生的气体和细菌扩散不仅会对环境造成污染，也会影响村民健康（缪玲玲，2021）。一些地区虽然会在村庄各处摆放垃圾桶，但随处扔垃圾的情况仍比比皆是，大大增加垃圾清理工作量。同样，即使进行了卫生厕所改造，但老旧旱厕仍然保留并继续使用。到了夏秋季节，为了便于继续播种和节省劳力，部分村民会将农田里的秸秆直接焚烧，严重污染了空气，尽管政府极力宣传不要进行秸秆焚烧，但仍有村民选择在傍晚或夜晚进行偷偷焚烧。这些不文明的传统生产生活方式为农村人居环境整治带来阻碍。

3. 参与治理不够深入

农民是农村人居环境整治的重要主体，既是农村人居环境的直接受益者，也是农村人居环境整治的主要参与者，也是农村人居环境整治成果的直接受益者，对相关治理事宜最有话语权和发言权，农民的参与情况直接决定着农村人居环境的治理水平。

虽然大部分地方的农民都参与了农村人居环境整治过程中，从表象看农民的参与率比较高，但在政府单边主导下农民参与农村人居环境整治不够深入，一般情况下只是介入治理的较低层面，由政府定调画框后做一些基础性的工作，基层政府是农村人居环境整治的最大主体，村民在项目决策方面基本没有话语权，最多表达一下自己的意愿，无法真正有效参与机制制定，对决策结果不能产生实质性的影响，人居环境整治过程中许多地方出现"政府干、农民看"的现象，村民对村庄人居环境质量的高要求和较低参与度的行为之间形成鲜明对比。农民参与度不够深入一般出现在农村人居环境整治的初期，毕竟农民参与能力的提升需要一个过程，若长久不深入参与则会影响农民的参与热情和积极性，进而影响农村人居环境整治目标的实现。此外，村民的人口结构失衡，目前村民主要是由老年人、妇女、儿童、低保户等老弱病幼人群组成，能力强的中青年更加愿意出去打工而非参与农村环境治理工作中来，未营造出"保护环境、人人有责"的良好氛围，导致治理效果不佳。

3.3.3　市场层面

1. 市场参与性较差

市场是一种有效的资源配置方式，能够弥补政府计划的很多不足，当前阶段我国已建立了社会主义市场经济体制，市场经济已渗入各行各业。农村人居环境整治涉及的各个项目主要是农村公共产品和服务，虽属于公益性质，但同样需要市场参与治理工作中以提高项目的质量和水平。

目前大部分农村人居环境整治中市场参与呈碎片化趋势，市场主体以分项目参与为主，整体参与较少，参与率比较低，参与水平也不高。一方面，由于企业的最终目的是收益最大化，而环境治理项目前期需要大量资金投入和长期的资金需求，但"战线长、见效慢"，作为理性的"经济人"，会影响企业对农村人居环境整治项目的参与度与参与频率，尤其是一些投资回报率较低、投入产出收益较差、收益回流期限较长的项目更难吸引企业参与投资和建设；并且一些农村人居环境整治项目招标时间较长、手续烦琐，同时要求在规定时间内保质完成，导致一些企业与招标流程、作业时间产生矛盾，导致企业不得已放弃参与招标。市场参与性较差直接影响了农村人居环境的治理效率和效益，难以实现资源的最优配置。

2. 非政府组织参与程度不深

虽然基层政府和村民在农村人居环境整治工作中是最活跃的主体，但非政府组织也是促进农村人居环境整治效果提升的重要主体。目前来看，在市场治理过程中，我国非政府组织存在相对缺位，参与积极性较低，参与治理难度较大等一系列问题。虽然我国环保教育事业蓬勃发展，环保组织相继出现，但环教事业主要还是集中于城市和学校，环保组织提出的相关政策建议或技术指导主要为政府提供，在农村地区并没有深入发挥作用。

3. 市场化产品和服务供给缺乏竞争

从宽口径来理解农村人居环境的话，它不仅包括农村卫生条件、生活垃圾治理、住房条件、基础设施完善程度等，还包括社会秩序、经济收入、休闲娱乐、交通便利、福利水平等一系列软环境。硬环境和软环境相辅相成、相互协调，才能有效提升农村人居环境水平。但当前大部分的服务和产品由政府提供，企业和社会团体只提供非常小的一部分内容。供给的常态表现为政策或文件下达后相关产品和服务由政府全权负责，待完成后交付村庄使用，或者由政府出资，村庄按照政府的指示开展活动，项目完成后投入使用。与农村人居环境相关的产品与服务近乎由政府单边负责单方供给，因此可见农村人居环境整治工作仍是由政府出资指导，其他主体供给的情况较少，与政府供给相同产品和服务抗衡的更少，缺乏必要的竞争。一旦由单方基本上全部负责农村人居环境的产品和服务，其创新、优化产品和服务的意识可能就会消退，服务理念逐渐弱化，官僚主义有可能会膨胀，不利于农村人居环境整治的深化和农村事业的发展，也不利于政府形象的塑造。

3.3.4　治理机制层面

1. 缺少整体规划

在农村人居环境整治过程中，各主体之间协调、合作、规划机制决定了治理成效。虽然目前我国农村人居环境整治近年来取得了明显成效，但是在具体实践中，仍然存在治理主体间联系不够紧密、沟通不够有效、相互之间互相掣肘等问题。例如，一些村庄空喊口号却行动滞后，上级检查哪方面就治理哪方面，注重面子工程而非干实事，或只治理主干道、村头、广场等看得见的地方，对于隐蔽角落置之不理，一些偏远村庄由于村庄规模不大、远离村委会、重视程度不高，会存在稍微进行治理甚至不治理的情况（张荣荣，2021）；在治理过程中，由于责任主体涉及多个，治理队伍也较为分散，导致职责交叉、权责不清、监管力量不够集中甚至互相推诿的情况发生，缺乏相应解决方式；此外，一些村庄没有事先进行规划，先做地面工程，将路修好，等到需要进行污水管道修缮的时候又要重新挖路，浪费资金，也有碍观瞻。

农村人居环境整治要全面、系统进行，需要进行顶层设计，进行长远的整体规划，治理思路要科学、合理、符合实际情况，政府应该出台治理规范、标准、法律法规、章程等，起到科学引导的作用，不能只顾眼前、只看表面。

2. 资金投入不足且分散

首先，目前人居环境整治费用大部分来自国家财政资金补贴，但政府财政收入有限，资金较为紧张，而环境治理覆盖面较广，所以一般会将资金用于较为紧急和有效的项目上，对于其他整治项目有心无力，只能选择性地开展工作，导致治理无法做到面面俱到（缪玲玲，2021）。除治理费用外，农村基础设施也需要大量的维护费用，这部分资金也会给政府带来巨大的压力，相关资金缺乏必会导致设备闲置、资源浪费等问题。

其次，社会资金投入不足，资金来源较为分散。随着县域经济的不断发展，基层政府不断创造良好的营商环境吸引企业投资入驻，同时带动农民就业增收。但企业和村民或认为人居环境整治不赚钱，或认知不够全面、了解不够深入，没能意识到此项工作的重要意义，缺乏参与的积极性和内生动力，较少或不愿投入劳动和资金进行人居环境整治，资金紧缺导致总体工作效果有待进一步提升。

3. 缺乏常态化监督管理

在农村人居环境整治过程中，虽然国家出台了一些相关方案进行工作指导，但刚性制度执行力依然较弱，比如一味追求经济效益，对于企业排污行为进行容忍，影响农村生态环境。同样对于村民而言，也缺乏相关规定约束其行为，一些村委虽然制定了村规民约，由于村民没有参与村规民约的制定等客观或主观原因，导致其对村民的约束作用很小甚至不起作用，形同虚设。在监督村民行为中，往往只能使用规劝的方式，效果甚微。

在治理监管过程中，政府既要发挥主导作用又要进行监督，缺乏第三方监督管理和考核标准，对于资金使用、执法权力、监督管理等实际问题缺少科学管理。政府各部门职责不够清晰，部门间协调性不足，导致各方管理主体责任不能落实，影响实际治理效果。

治理工作结束后，生活垃圾得到有效处理，厕所得以进行卫生改造，基础设施更加完善，但时间一长，后期管理问题渐渐出现，垃圾随处倾倒仍然可见，道路出现坑洼或开裂，下水管道维护跟不上，积水问题严重影响村民出行，因此应该制定标准进行常态化监督管理，内容包括人居环境整治质量和后续维护管理，按时进行监管和考核验收。

3.4　本 章 小 结

本章主要从宏观和微观两个视角分析了我国农村人居环境整治的现状和存在问题。

第一，从宏观层面数据分析来看，农村人居环境整治工作推进成效显著，但仍有较大改进提升的空间。具体而言：（1）我国农村生活垃圾治理服务的资金投入呈现不断增长态势，农村生活垃圾收集和处理服务供给水平不断提高，我国自然村进行生活垃圾集中收运处理的数量占总自然村的比例稳定在90%以上（农业农村部，2020），但仍没有实现行政村生活垃圾收集和处理服务的全覆盖，且经济发达地区与经济落后地区之间的差距仍较大。（2）我国村庄卫生厕所改造资金投入呈现不断增长态势，我国卫生厕所普及率大大提高，但与实际需求相比还有一定差距，我国仍有18.3%的村民无法享受卫生厕所服务。在经济发展水平比较高的地区农村卫生厕所普及率近乎达到100%，但我国经济发展水平落后地区，卫生厕所普及率还有很大的短板要补齐。（3）我国农村生活污水治理服务的资金投入呈现不断增长态势，农村生活污水治理服务供给水平得到了一定的提升，但与实际需求相比还有巨大差距，我国仍有约70%的行政村没有生活污水治理服务（生态环境部，2022）。尤其是我国经济发展水平落后地区，这一空缺更大，为实现2025年全国农村污水处理率达40%的目标，亟须补充农村生活污水治理服务短板。(4) 我国村庄整治资金投入呈现不断增长态势，我国已开展村庄整治的占全部行政村比例大大提高，但与实际需求相比还有巨大差距，我国仍有接近一半的行政村没有开展村庄整治服务。经济发展水平比较高的一些省份已开展村庄整治的村落数量占全部行政村比例在2016年就已达到90%以上，绿化水平也高出很多，但我国经济发展水平落后地区，已开展整治的村庄占全部行政村比例则仅在40%左右，绿化水平和道路、路灯等基础设施的建设水平相比之下也较低，村庄整治工作还有很大的短板要补齐。

第二，从微观层面调研数据来看，本书锁定京津冀农村地区就其农村人居环境整治情况进行了深入的调研，调研对象包括23个相关乡镇政府部门、66个村书记、1 531个农村居民。调研结果显示，随着政府治理力度的加大，京津冀地区农村人居环境整治工作取得了一定的成效，已经具备基本的硬件设施和制度框架，但也存在一些突出问题。在垃圾治理方面，存在居民随意乱扔垃圾、垃圾收集运输不及时、垃圾集中处异味问题严重、建筑垃圾不能有效处理的问题；在生活污水治理方面，存在技术不适用、新兴技术采用率低、投入资金大、运维成本高、难以维持的问题；在厕所改造方面，存在不能因地制宜、基础设施不足、改造成本过高的问题；在村容村貌整治方面，存在整治主体动力不足、资金不够、方向不明、监督机制不完善的问题。

第三，要提升京津冀地区农村人居环境整治质量，具体而言：（1）在垃圾治理方面，比较迫切的是培养村民形成良好的环境卫生习惯，培养壮大环卫市场和有效治理建筑垃圾。（2）在厕所改造方面，比较迫切的是加强技术支撑，建立长效运行机制，并加大对厕所改造的宣传力度，为村民提供有效的保障和指导服务。（3）在生活污水治理方面，比较迫切的是推广在技术和成本方面适合农村地区的治理模式。（4）在村容村貌整治方面，比较迫切的是加大宣传力度和对村干部的激励力度，调动村"两委"的工作积极性和热情，并建立长效的监督检查机制。

第四，我国农村人居环境整治在取得显著成效的同时也面临一系列体制机制上的困境，困境的产生与政府、村民、市场以及治理机制等方面息息相关，有待进行体制机制上的重构与创新。

第4章 中国农村人居环境整治效果实证评估研究

第3章内容从宏微观两个层面对中国农村人居环境整治的基本情况、存在问题及成因进行了分析。本章内容主要利用宏微观数据，从供需两个层面分别进行农村人居环境整治效果进行实证评估。首先是从供给层面对中国农村人居环境质量进行整体评价，并找出影响农村人居环境的主要影响因素；其次从需求层面对村民关于农村人居环境主观满意度感知及其影响因素进行实证分析，最后结合供需两个层面给出中国农村人居环境整治效果的整体评估结果。

4.1 基于供给层面宏观数据的农村人居环境质量客观评价

4.1.1 基本思路

本节内容首先构建起中国农村人居环境质量和国家地区经济发展水平的评价指标体系，在构建指标体系的基础上，采用基于信息熵改进的 TOPSIS 方法，对当前中国农村人居环境质量和地区经济发展水平进行评估，了解当前农村人居环境的质量状况，并进一步根据农村人居环境质量和经济发展水平求得中国农村人居环境与经济发展耦合协调度，在此基础上采用面板回归的方法，深入探究影响中国农村人居环境的关键因素。

4.1.2 指标选取

1. 评价指标选取

遵循科学性和可操作性原则，本书参考了前人相关研究（李雪铭等，2012；朱彬等，2015）指标体系的构建，如表 4-1 所示，中国农村人居环境整治效果的评价从生活垃圾治理、农村厕所改造、生活污水治理和村容村貌四个方面出发：其中，生活垃圾治理方面选择了农村生活垃圾处理率、农村生活垃圾无害化处理率、乡均生活垃圾中庄站个数、乡均环卫车辆个数和村人均生活垃圾治理投资 5 个指标进行衡量，农村生活垃圾处理率、农村生活垃圾无害化处理率体现了农村生活垃圾的治理效果，乡均生活垃圾中庄站个数、乡均环卫车辆个数和村人均生活垃圾治理投资体现了乡和村两个层级的生活垃圾治理能力以及投入情况。农村厕所改造方面选择了村均公共厕所个数、村卫生厕所普及率、村无害化厕所普及率 3 个指标进行衡量，村均公共厕所个数反映了农村公共厕所供给效果，村卫生厕所普及率、村无害化厕所普及率反映了私人厕所的供给和改造情况。生活污水治理方面选择了乡排水管道密度、乡污水处理率、乡污水厂集中处理率和村人均污水处理投资这 4 个指标，乡污水处理率、乡污水厂集中处理率体现了污水治理效果，乡排水管道密度、村人均污水处理投资体现了乡和村两个层级的污水治理能力以及投入情况。村容村貌方面选择了乡人均道路面积、村硬化道路比例、村安装路灯道路比例、乡人均绿地面积、乡人均绿地面积 5 个指标进行衡量，乡人均道路面积、乡安装路灯道路比例、村硬化道路比例体现了乡和村两个层级的道路修建情况，乡人均绿地面积、乡人均绿地面积体现了农村的生态情况。

表 4 - 1　　　　　　　农村人居环境质量与经济发展水平评价指标

	评价指标		单位	指标属性
农村人居环境	生活垃圾治理	农村生活垃圾处理率	%	正向
		农村生活垃圾无害化处理率	%	正向
		乡均生活垃圾中转站个数	个	正向
		乡均环卫车辆个数	个	正向
		村人均生活垃圾治理投资	元/人	正向
	农村厕所改造	村均公共厕所个数	个	正向
		农村卫生厕所普及率	%	正向
		农村无害化厕所普及率	%	正向
	生活污水治理	乡排水管道密度	公里/平方公里	正向
		乡污水处理率	%	正向
		乡污水厂集中处理率	%	正向
		村人均污水处理投资	元/人	正向
	村容村貌	乡人均道路面积	平方米	正向
		乡人均绿地面积	平方米	正向
		乡绿化覆盖率	%	正向
		村安装路灯道路比例	%	正向
		村硬化道路比例	%	正向
地区经济发展水平		二三产业增加值占比	%	正向
		人均地区生产总值	元/人	正向
		城镇人口所占比重	%	正向
		财政收入占 GDP 比重	%	正向
		城镇居民人均可支配收入	元/人	正向
		城镇居民恩格尔系数	%	逆向

中国地区经济发展水平的测度，选择了二三产业增加值占比、人均地区生产总值、城镇人口所占比重、财政收入占 GDP 比重、城镇居民人均可支配收入、城镇居民恩格尔系数这 6 个指标，二三产业增加值占比反映了经济发展结构，人均地区生产总值体现了经济发展基本水平，城镇人口所占比重体现了城市化发展水平，财政收入占 GDP 比重体现了国家的财政能力，城

镇居民人均可支配收入体现了居民的收入能力，城镇居民恩格尔系数体现了居民的消费能力。

2. 影响因素指标选取

一般而言，农村人居环境整治作为农村公共服务供给的一部分，整治水平是由多种因素共同驱动的结果，李继霞等（2022）认为这些因素大致可以分为自然因素和社会经济因素两类，但是由于自然因素相对较稳定，因此主要考虑社会经济因素。按照社会与经济两个层面进行影响因素筛选，社会层面方面，毛雁冰等（2018）在探究农村公共文化服务供给影响因素时，考虑了农村地区教育水平、城乡发展差异水平，考虑农村公共服务需求对服务供给水平的影响（陈浩等，2022），本章将反映农村地区发展特征的城镇化率和农村人口密度纳入社会层面的因素中，此外，考虑政府的影响，财政分权水平也是推动地区公共服务供给水平的重要原因（杨志安等，2021）。经济层面方面，受数据可得性的影响，本章主要考虑农村家庭的收入与消费情况反映农村经济发展水平。

基于以上分析，本书中国农村人居环境影响因素从五个方面进行探究，分别是农村地区发展特征、农村经济发展水平、城乡发展差异水平、地区财政分权水平、农村地区教育水平。具体情况如表 4-2 所示，其中，农村地区发展特征选择了城镇化率、农村人口密度进行刻画，对这两个指标均进行标准化处理；农村经济发展水平从收入与消费两个角度选择了农村居民家庭人均可支配收入、农村地区消费品零售额占比，为避免两个指标高度相关引起多重共线性问题，将两个指标进行合并，采用基于信息熵改进的 TOPSIS 法得到农村经济发展水平，该值越大说明农村经济发展水平越好；城乡发展差异水平也从城乡收入差异以及城乡消费差异两个角度，选择城乡收入二元对比系数、城乡消费结构二元对比系数，由于两个指标的计算本身就符合标准化后的特征，同样避免多重共线性将两个指标合并，由于两个指标满足计算结构相似、作用方向一致、重要程度无异三方面特征，由此采用几何平均法合并为城乡发展差异水平，该指标值越大说明该地区的城乡差异水平越大；地区财政分权水平从地方政府的财政支出和财政收入两个方面出发选择指标，财政支出与财政收入分权均采用人均化形式控制各地区人口规模以及中央转移支付对财政分权的影响，最后也出于避免多重共线性的原因，将计算结构相似、作用方向一致、重要程度无异的两个指标，采用几何平均法合并为地区财政分权水平，该指标值越大说明地区的财政分权水平越高；农村地区教育水平选择农村地区大专及以上文化的人口占比进行刻画，并对该指标进行标准化处理，改值越大说明农村地区教育水平越高。

表 4 - 2　　　　　　农村人居环境影响因素的变量描述及指标计算

变量选择	指标刻画	指标计算
农村地区发展特征	城镇化率	$城镇化率 = \dfrac{城镇常住人口数}{城镇常住人口数 + 农村常住人口数}$
	农村人口密度	$农村人口密度 = \dfrac{农村常住人口数}{农村行政村个数}$
农村经济发展水平	农村居民家庭人均可支配收入	第一步，标准化农村居民家庭人均可支配收入 第二步，计算农村地区消费品零售额占比 = $\dfrac{农村地区消费品零售额}{全社会总消费品零售额}$，并对此进行标准化 第三步，使用基于信息熵改进的 TOPSIS 法计算农村经济发展水平
	农村地区消费品零售额占比	
城乡发展差异水平	城乡收入二元对比系数	第一步，计算城乡收入二元对比系数 = $\left| \dfrac{城市人均可支配收入}{农村人居可支配收入} - 1 \right|$ 第二步，计城乡消费结构二元对比系数 = $\left| \dfrac{城市恩格尔系数}{农村恩格尔系数} - 1 \right|$ 第三步，计算城乡发展差异水平 = （城乡收入二元对比系数 × 城乡消费结构二元对比系数）$^{\frac{1}{2}}$
	城乡消费结构二元对比系数	
地区财政分权水平	地方财政支出占财政总支出比重	第一步，计算地方财政支出占财政总支出比重 = $\dfrac{地方本级人均财政支出}{中央本级人均财政支出 + 地方本级人均财政支出}$ 第二步，计算地方财政收入占财政总收入比重 = $\dfrac{地方本级人均财政收入}{中央本级人均财政收入 + 地方本级人均财政收入}$ 第三步，计算地区财政分权水平 = （地方财政支出占财政总支出比重 × 地方财政收入占财政总收入比重）$^{\frac{1}{2}}$
	地方财政收入占财政总收入比重	
农村地区教育水平	农村地区大专及以上文化的人口占比	$农村地区教育水平 = \dfrac{农村地区大专及以上文化的人口}{农村常住人口数}$

总的来说，本书对中国农村人居环境影响因素探究选择了 6 个主要变量，反映农村地区发展特征的城镇化率、农村人口密度，以及计算的农村经济发展水平、城乡发展差异水平、地区财政分权水平、农村地区教育水平。结合测算的农村人居环境质量水平，探究这 6 个变量对其的影响情况。

4.1.3　数据来源与方法选择

1. 数据来源

自 2013 年习近平总书记就改善农村人居环境作出了重要批示之后，农村人居环境整治开始得到中央高度重视，同时基于数据的可得性，本书选择了 2013～2018 年全国 31 个省、直辖市及自治州（港澳台地区除外）的省级面板数据，对全国平均水平和 31 个地区的农村人居环境质量和经济发展水平进行评价。数据来源于《城乡建设统计年鉴》《中国人口和就业统计年鉴》《中国社会统计年鉴》《中国环境统计年鉴》《中国第三产业统计年鉴》《中国财政统计年鉴》等统计年鉴和中国国家统计局、中国住房和城乡建设部、生态环境部网站。

2. 方法选择

第一，基于信息熵改进的 TOPSIS 法。

农村人居环境是一个巨系统，进行综合评价的关键是指标权重的确定，当前国内外研究中对于指标权重的确定主要可划分为两类：一类为主观赋权法，例如直接评分法、德尔菲法等，这类方法权重的确定易受到人为因素影响，导致某些指标作用的降低或夸大，不能客观地反映出事物的本质特征（赵海江等，2010）；另一类为客观赋权法，权重的确定主要依据评价主体各项指标的相互关系或变异程度等来确定，能够避免由人为因素导致的偏差，因此本书选择客观赋权法来确定指标权重。常用的客观赋权法主要有主成分分析法、模糊综合评价法、BP 神经网络、熵值法等。主成分分析起到降维作用，但易造成信息缺失；模糊综合评价中在进行模糊集运算时取大取小算子往往会受到质疑（李名升，2012）；BP 神经网络进行评价时由于初始值随机给定易造成网络的不可重现，对于多指标体系评价结果不稳定

（陈明，2013）；而熵值法根据指标的变异程度来确定权重大小，计算结果可信度高、自适应功能度强等优点，已被广泛用于城乡经济社会发展等领域的研究中（乔家君等，2016），因此本书选择熵值法确定权重。同时，农村人居环境综合评价需要确定各省（市、自治区）的综合排序，本书通过TOPSIS 法对最终评价指数进行综合排序，该方法通过逼近最优解的方式进行排序（曹贤忠等，2014）。综合考虑熵值法和 TOPSIS 的相关运算原理，本书选择基于信息熵改进的 TOPSIS 法对农村人居环境进行综合评价，具体步骤如下：

（1）数据标准化处理。

为了便于在后文中使用研究方法对数据进行分析以及消除不同类型指标在量纲与类型上的不同所引起的误差，本书决定对各指标数据进行标准化处理。

考虑到各指标中指标属性具有正逆向性，本书选择对两类指标采用不同的标准化方式，以统一各指标数据的标准化结果趋势。

对于正向指标，标准化公式如下：

$$X'_{ij} = \frac{X_{ij} - \min X_{ij}}{\max X_{ij} - \min X_{ij}} \tag{4.1}$$

对于负向指标，标准化公式如下：

$$X_{ij} = \frac{\max X_{ij} - X_{ij}}{\max X_{ij} - \min X_{ij}} \tag{4.2}$$

将各指标数据按以上公式处理后，便可将各数据范围限定在 0 ~ 1 以内。若某一省级行政区的某一指标所对应的标准化数据越大，则代表其该指标的情况越好。

（2）熵值计算。

公式如下：

$$\begin{cases} E_j = -\ln(n)^{-1} \times \sum_{i=1}^{n} p_{ij} \ln p_{ij} \\ p_{ij} = \dfrac{X_{ij}}{\sum\limits_{i=1}^{n} X_{ij}} \end{cases} \tag{4.3}$$

其中，X_{ij} 为标准化数值，E_j 为各指标信息熵，n 为省级行政区的个数。

（3）利用信息熵确定各指标权重。

公式如下：

$$W_j = \frac{1 - E_j}{\sum_{i=1}^{n} (1 - E_j)} \quad\quad (4.4)$$

其中，W_j 为各指标所对应的权重，E_j 为各指标信息熵。利用熵权法，可使各指标权重的确定更为客观与科学。

（4）求出各指标的权重：$f_{ij} = W_j X_{ij}$。

（5）依据以上求出的权重集确定各个指标的正理想解 Q_j^+ 和负理想解 Q_j^-。

（6）计算各方案与 Q_j^+ 和 Q_j^- 的距离 S_i^+ 和 S_i^-。

$$S_i^+ = \sqrt{\sum (f_{ij} - Q_j^+)^2}, \ S_i^- = \sqrt{\sum (f_{ij} - Q_j^-)^2} \quad\quad (4.5)$$

（7）计算各个方案的评价指标（与正负理想解的相对距离）。

$$C_i = \frac{S_i^+}{(S_i^+ + S_i^-)} \quad\quad (4.6)$$

式中：$C_i \in [0, 1]$，且 C_i 越大则农村人居环境质量越高。

第二，协调度模型。

经济与环境的相互促进、共同发展是可持续发展的基本要求，农村人居环境的发展必定会受到经济发展水平的影响，掌握各个地区当前农村人居环境在经济持续稳定增长的背景下呈现出怎样的发展态势，对于制定合理的农村人居环境整治策略至关重要。为能够更清晰地呈现出各省份农村人居环境与经济发展的相互作用，构建计算各省份农村人居环境与经济发展的耦合协调度的模型（张荣天等，2015），计算公式为：

$$R_{ij} = \left(\frac{C_{ij} \cdot G_{ij}}{(P_{ij})^2} \right)^k ; \ P_{ij} = \alpha C_{ij} + \beta C_{ij} ; \ D_{ij} = (R_{ij} \cdot P_{ij}) \quad\quad (4.7)$$

R_{ij} 为 i 年 j 省（直辖市）的农村人居环境与经济发展的耦合度；C_{ij} 和 G_{ij} 分别表示第 i 年第 j 省（直辖市）的农村人居环境质量指数和经济发展水平；α、β 是农村人居环境与经济发展的客观权重；D_{ij} 为协调度。D_{ij} 和 R_{ij} 均 $\in [0, 1]$，值越大说明耦合协调度越高。

第三，面板回归模型。

为了从宏观层面找出影响农村人居环境整治效果的影响因素，本书采用一般面板数据模型来进行影响因素分析。

$$y_{it} = \beta_0 + \beta_1 urra_{it} + \beta_2 rupo_{it} + \beta_3 ruec_{it} + \beta_4 urrud_{it} + \beta_5 fina_{it} + \beta_6 educ_{it} + \mu_i + \gamma_i + \varepsilon_{it}$$

$$(4.8)$$

式中：下标 i 表示省份，下标 t 表示年份；被解释变量 y 代表测算的农村人居环境质量水平；借鉴前人研究，解释变量选择了城镇化率（urra）、农村人口密度（rupo），以及计算的农村经济发展水平（ruec）、城乡发展差异水平（urrud）、地区财政分权水平（fina）、农村地区教育水平（educ）；对于其余变量，μ_i 表示地区固定效应、γ_i 表示时间固定效应、ε_{it} 为误差项。

4.1.4　中国农村人居环境质量评价

采用基于信息熵改进的 TOPSIS 法，利用 Stata15.0 对 2013～2018 年全国 31 个省、直辖市及自治州（港澳台地区除外）的人居环境质量进行综合测度，其中 2018 年的测度结果如表 4-3 所示（其余年份见附录）。

表 4-3　　　　　2018 年农村人居环境质量评价结果（P 值）

地区	评价值	排名	地区	评价值	排名
安徽	0.392	5（+3）	辽宁	0.156	20（+3）
北京	0.479	4（-2）	内蒙古	0.086	29（-7）
福建	0.504	3（+2）	宁夏	0.203	16（-7）
甘肃	0.127	23（+5）	青海	0.082	30（+1）
广东	0.272	9（-6）	山东	0.342	8（-2）
广西	0.178	19（-1）	山西	0.118	25（-4）
贵州	0.224	14（+12）	陕西	0.127	22（-7）
海南	0.193	17（-6）	上海	0.646	1（0）
河北	0.106	27（-3）	四川	0.237	13（+6）
河南	0.193	18（-2）	天津	0.264	10（-1）
黑龙江	0.070	31（-1）	西藏	0.121	24（+3）
湖北	0.264	11（+1）	新疆	0.114	26（-6）
湖南	0.152	21（-11）	云南	0.238	12（+17）

续表

地区	评价值	排名	地区	评价值	排名
吉林	0.105	28（-3）	浙江	0.383	6（+1）
江苏	0.518	2（+2）	重庆	0.367	7（+10）
江西	0.208	15（-2）	全国	0.213	

注：括号中标注了从 2013 年到 2018 年的排名变化情况。

分区域来看，我国的华东地区农村人均环境水平整体较高，2018 年上海、江苏、福建、浙江、山东等地的排名分别为第 1 名、第 2 名、第 3 名、第 6 名、第 8 名；东北地区农村人均环境水平整体较低，黑龙江、吉林、辽宁的排名分别为第 31 名、第 28 名、第 20 名；西北地区的农村人居环境水平也整体较低，青海、内蒙古、新疆、甘肃、陕西等地排名分别是第 30 名、第 29 名、第 26 名、第 23 名、第 22 名；华北地区呈现两极化差异，北京和天津的排名靠前，分别为第 4 名和第 10 名，但是河北和山西相对发展较弱，为第 27 名和第 25 名；华南、华中、西部地区农村人均环境水平整体位于中游水平。

从农村人居环境水平提升的方面来看，从 2013 年到 2018 年，全国农村人居环境质量从 0.111 增长到 0.213，增长了 1.92 倍。这 6 年时间，西部地区的云南、贵州、重庆等地，农村人居环境提升速度较快，云南由曾经的第 29 名提升到第 12 名，提升了 17 名，贵州从原来的第 26 名提升到第 14 名，提升了 12 名，重庆由原来的第 17 名提升到第 7 名，提升了 10 名。湖南、内蒙古等地的退步较大，分别退步了 11 个名次和 7 个名次。

4.1.5 中国地区经济发展水平评价

在中国农村人居环境质量评价的基础上，为了进一步测算农村人居环境与经济发展的协调度，需要对中国地区经济发展水平进行评价。本书依据前人的研究（付正义等，2016），选取二三产业增加值占比、人均地区生产总值、城镇人口所占比重、财政收入占 GDP 比重、城镇居民人均可支配收入、城镇居民恩格尔系数这 6 个指标作为地区经济发展的评价指标，并利用基于信息熵改进的 TOPSIS 法计算了我国各地区的综合经济发展水平，其中 2018 年的测度结果如表 4-4 所示（其余年份见附录）。

表4-4 2018年地区综合经济发展水平评价结果（P值）

地区	评价值	排名	地区	评价值	排名
安徽	0.264	21（+3）	辽宁	0.313	12（-8）
北京	0.803	2（-1）	内蒙古	0.344	8（-1）
福建	0.401	7（+4）	宁夏	0.287	16（-8）
甘肃	0.200	29（0）	青海	0.233	25（-8）
广东	0.444	6（2）	山东	0.337	9（+6）
广西	0.194	30（0）	山西	0.313	14（-5）
贵州	0.221	28（-15）	陕西	0.279	17（+2）
海南	0.326	10（0）	上海	0.856	1（+1）
河北	0.248	22（+5）	四川	0.242	23（+2）
河南	0.227	26（+5）	天津	0.535	3（0）
黑龙江	0.185	31（-3）	西藏	0.313	13（+10）
湖北	0.297	15（+7）	新疆	0.271	18（-2）
湖南	0.270	19（+7）	云南	0.226	27（-7）
吉林	0.240	24（-6）	浙江	0.527	4（+1）
江苏	0.489	5（+1）	重庆	0.323	11（+1）
江西	0.265	20（+1）	全国	0.494	

注：括号中标注了从2013年到2018年的排名变化情况。

从表4-4来看，我国从2013年到2018年综合经济发展迅速，全国综合经济发展水平从2013年的0.241增长到2018年的0.494，增长了2.05倍。分地区来看，我国的东部以及南部地区整体的综合经济发展水平要高于其他地区，从地区经济增长来看，西藏、湖北、湖南、山东的综合经济发展速度较快，排名分别增长了10名、7名、7名、6名，贵州、辽宁、青海宁夏的综合经济发展速度相对要慢，均后退了8个名次及以上。

4.1.6 中国农村人居环境与经济发展的耦合协调度分析

统筹城乡发展，建设美丽宜居的社会主义新农村，需要使农村共享经济发展的成果。工业化、城镇化的推进不应以农村环境破败甚至衰亡为代价，而应该为农村发展带来新活力，为农民创造更加美丽宜居的生产生活场所，带来农村人居环境同等程度的发展。经济发展水平与农村人居环境的协调度是农村分享经济发展成果的真实体现，也是对各地区农村人居环境建设能力与农村环境质量匹配程度的一种评价，可以作为中央政府推动农村人居环境整治的一项抓手，以此作为依据之一制定相关监督管理的差异化治理策略，因此需要明确中国农村人居环境与经济发展之间的关系。

在进一步对中国农村人居环境与经济发展的耦合协调度分析之前，首先，需要将我国不同地区农村人居环境与经济发展的基本情况结合分析。本书将 2013～2018 年 6 年间各地区的农村人居环境发展水平和综合经济发展水平求平均，并进行排名，为了更加直观地表现出各地区农村人居环境与经济发展关系，本书将这两组排名以坐标的形式呈现出来，如图 4 - 1 所示。从图 4 - 1 中可以看出，我国 31 个省份及直辖市呈现出明显的 4 类特征，分别

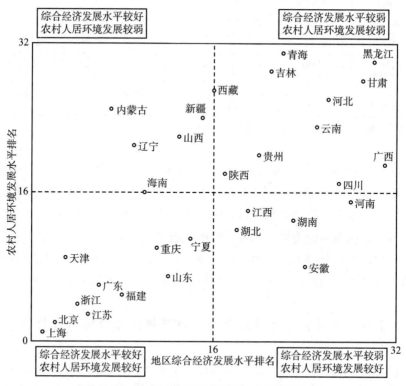

图 4 - 1　各地区农村人居环境与经济发展关系

是：（1）综合经济发展水平较好，农村人居环境发展较好；（2）综合经济发展水平较好，农村人居环境发展较弱；（3）综合经济发展水平较弱，农村人居环境发展较好；（4）综合经济发展水平较弱，农村人居环境发展较弱。上海、北京、浙江、江苏、广东、福建等地区两者发展较好，较为平衡；黑龙江、甘肃、河北、云南等地区两方面均发展较弱，内蒙古、辽宁、安徽等地在这两方面均存在不同程度上的发展失衡。

　　在此定性认知的基础上，本书进一步定量地测算了农村人居环境与经济发展的协调度。首先，本书依据前人的研究（付正义等，2016），选取二三产业增加值占比、人均地区生产总值、城镇人口所占比重、财政收入占GDP比重、城镇居民人均可支配收入、城镇居民恩格尔系数这6个指标作为地区经济发展的评价指标，利用式（4.7）计算了经济发展与农村人居环境的耦合协调度，计算结果见表4-5。

表4-5　　　　　　　　农村人居环境与经济发展耦合协调度

地区	耦合协调度	耦合阶段	地区	耦合协调度	耦合阶段
全国	0.537	磨合阶段	江西	0.413	拮抗阶段
安徽	0.452	拮抗阶段	辽宁	0.414	拮抗阶段
北京	0.850	高度耦合阶段	内蒙古	0.408	拮抗阶段
福建	0.614	磨合阶段	宁夏	0.469	拮抗阶段
甘肃	0.277	低度耦合阶段	青海	0.257	低度耦合阶段
广东	0.623	磨合阶段	山东	0.554	磨合阶段
广西	0.299	低度耦合阶段	山西	0.400	拮抗阶段
贵州	0.372	拮抗阶段	陕西	0.395	拮抗阶段
海南	0.456	拮抗阶段	上海	0.929	高度耦合阶段
河北	0.310	拮抗阶段	四川	0.365	拮抗阶段
河南	0.331	拮抗阶段	天津	0.652	磨合阶段
黑龙江	0.234	低度耦合阶段	西藏	0.339	拮抗阶段
湖北	0.431	拮抗阶段	新疆	0.379	拮抗阶段
湖南	0.395	拮抗阶段	云南	0.325	拮抗阶段
吉林	0.327	拮抗阶段	浙江	0.692	磨合阶段
江苏	0.699	磨合阶段	重庆	0.482	拮抗阶段

根据马丽等（2012）和周亮等（2019）的研究来看，耦合协调度一般可以划分为四个阶段：第一个阶段是低度耦合阶段（$0 \leqslant C < 0.3$）；第二个阶段是拮抗阶段（$0.3 \leqslant C < 0.5$）；第三个阶段是磨合阶段（$0.5 \leqslant C < 0.8$）；第四个阶段是高度耦合阶段（$0.8 \leqslant C \leqslant 1$）。依此规则，发现我国整体的农村人居环境整治与经济发展属于磨合阶段，分地区来看，只有北京、上海处于高度耦合阶段；福建、广东、山东、江苏、天津、浙江处于磨合阶段；安徽、贵州、江西、辽宁、内蒙古、宁夏、陕西、山西、海南、河北、河南、湖北、湖南、吉林、四川、新疆、西藏、云南、四川均处于拮抗阶段；甘肃、广西、青海、黑龙江处于低度耦合阶段，两者发展极度不平衡。

4.1.7 中国农村人居环境影响因素探究

前文对各地区农村人居环境与经济发展耦合协调度进行了计算和分析，但是决定各地区农村人居环境差异的影响因素并不明晰，因此为找到关键的影响因素并明确各因素的作用大小与方向，本书将展开农村人居环境影响因素探究。由于后文还会对农村生活垃圾治理水平影响因素进行探究，为更好对比两者的影响差异，因此本部分将汇报混合 OLS 模型、固定效应模型、随机效应模型、双固定效应模型的回归结果，并进行相关检验，如表 4-6 所示。

表 4-6　　　　　　　　农村人居环境影响因素探究

变量	模型 1	模型 2	模型 3	模型 4
	混合 OLS 模型	固定效应模型	随机效应模型	双固定效应模型
urra	0.193 *** (0.006)	0.526 *** (0.000)	0.540 *** (0.000)	0.893 *** (0.000)
rupo	0.106 *** (0.001)	− 0.381 *** (0.000)	− 0.243 *** (0.000)	− 0.415 *** (0.000)
ruec	0.651 *** (0.000)	0.002 (0.988)	0.085 (0.334)	0.356 (0.159)
fina	0.366 *** (0.000)	0.073 * (0.100)	0.106 ** (0.020)	0.045 (0.413)

续表

变量	模型 1	模型 2	模型 3	模型 4
	混合 OLS 模型	固定效应模型	随机效应模型	双固定效应模型
urrud	0.102 (0.207)	−0.051 * (0.094)	−0.063 ** (0.049)	−0.043 (0.160)
educ	0.070 (0.348)	0.117 ** (0.019)	0.077 (0.159)	0.102 * (0.055)
cons	−0.359 *** (0.000)	0.067 (0.336)	−0.032 (0.552)	−0.157 (0.225)
Year	No	No	No	Yes
N	192	192	192	192
R^2	0.648	0.639	–	0.613

注：括号内为 p 值，＊、＊＊ 和 ＊＊＊ 和分别表示 10% 、5% 和 1% 的显著性水平。

　　根据表 4 - 6，混合 OLS 模型的回归结果不符合基本现实，并且变量显著性并不好，不应使用混合效应回归，而根据 hausman 检验的 p 值为 0.000，排除了随机效应模型，进一步探究时间和省份的双固定效应，由模型 4 整体的 R^2 小于模型 2，且对构建的 *Year* 虚拟变量进行 F 检验的 p 值为 0.132，因此模型 2 固定效应模型最优。

　　综合模型 2 固定效应模型的回归结果，城镇化率（urra）、地区财政分权水平（fina）、农村地区教育水平（educ）的提高均促进农村人居环境整治水平，其中城镇化率（urra）的正向影响最大，农村地区教育水平（educ）次之，地区财政分权水平（fina）的正向影响最小。主要的原因在于：随着城镇化的发展可以在一定程度上降低农村人居环境整治的治理负担；而农村地区教育水平越高对农村人居环境整治的需求就越强，同时参与农村人居环境整治的态度和行动也更加积极；地区财政分权水平越高也提高了农村人居环境整治的治理灵活性，因此上述三个因素均能积极促进农村人居环境整治水平提高。而农村人口密度（rupo）、城乡发展差异水平（urrud）越大，则在不同程度上负向影响了农村人居环境整治水平，其中农村人口密度（rupo）的负向影响最大。农村人口密度的增加给农村人居环境整治带来了更大的治理负担，城乡较大的发展差异使更多的公共服务资源倾向于城市地区，弱化了农村地区的发展，因此这两个因素负向影响农村人居环境整治水平；固定效应下剔除了地区差异后，农村经济发展水平（ruec）对农村人居环境整治水平的促进作用并不显著。主要原因在于 2013～2018 年中国农村人居环境整治主要建立在政府主导的基础上，经济发展水平较低的农村往往是政府建设的重心，因此降低了农村经济发展水平影响的显著性。

4.1.8 中国农村生活垃圾治理水平评价

前文评价了中国农村人居环境水平以及中国地区经济发展水平，计算了两者之间的协调度，并进一步探究了相关关系。但是受数据可得性的影响，只评价分析了 2013 年到 2018 年的基本情况，为了进一步探究近年来各地区的农村人居环境水平，本部分将选择农村人居环境中最为重要的农村生活垃圾治理为对象，探究从 2018 年到 2020 年《农村人居环境整治三年行动方案》的实施情况，按照前文的评价方法对中国农村生活垃圾治理水平进行评价，并进一步探究其与各地区经济发展水平的关系。

基于信息熵改进的 TOPSIS 法，对全国 31 个省、直辖市及自治州（港澳台地区除外）的农村生活垃圾治理水平进行综合测度，2020 年的测度结果如表 4 - 7 所示。

表 4 - 7　　　　2020 年农村生活垃圾治理水平评价结果（P 值）

地区	评价值	排名	地区	评价值	排名
安徽	0.482	6（+1）	辽宁	0.172	26（0）
北京	0.516	3（+2）	内蒙古	0.147	29（0）
福建	0.500	4（+2）	宁夏	0.289	17（+3）
甘肃	0.279	20（+1）	青海	0.138	30（-2）
广东	0.398	9（0）	山东	0.495	5（-1）
广西	0.311	15（0）	山西	0.152	28（-3）
贵州	0.328	14（-1）	陕西	0.171	27（0）
海南	0.132	31（-13）	上海	0.529	1（+2）

续表

地区	评价值	排名	地区	评价值	排名
河北	0.287	18（+4）	四川	0.274	21（-5）
河南	0.306	16（-6）	天津	0.220	23（-9）
黑龙江	0.205	24（+7）	西藏	0.196	25（-6）
湖北	0.445	8（-7）	新疆	0.264	22（+8）
湖南	0.281	19（-2）	云南	0.341	12（+11）
吉林	0.472	7（+17）	浙江	0.389	10（-2）
江苏	0.528	2（0）	重庆	0.369	11（+1）
江西	0.331	13（-2）	全国	0.311	

注：括号中标注了从 2018 年到 2020 年的排名变化情况。

从不同区域来看，我国东部沿海地区的农村生活垃圾治理水平较高，2020 年上海、江苏、福建、山东、安徽的排名分别为第 1 名、第 2 名、第 4 名、第 5 名、第 6 名；西部地区农村生活垃圾治理水平整体较低，青海、山西、陕西、西藏等地的排名分别为第 30 名、28 名、27 名、25 名；北部地区除北京之外，如内蒙古、辽宁、黑龙江的生活垃圾治理水平也较低，分别排名第 29 名、第 26 名、第 24 名。中部地区农村人居环境水平整体位于中游水平。从农村生活垃圾治理水平提升情况来看，全国农村生活垃圾治理水平从 0.230 增长到 0.311，吉林、云南、新疆、黑龙江等地农村生活垃圾治理水平提升速度较快，吉林由曾经的第 24 名提升到第 7 名，提升了 17 名，云南由曾经的第 23 名提升到第 12 名，提升了 11 名，新疆由曾经的第 30 名提升到第 22 名，提升了 8 名，黑龙江由曾经的第 31 名提升到第 24 名，提升了 7 名。海南、天津等地的退步较大，分别退步了 13 名和 9 名。

4.1.9　中国农村生活垃圾治理水平与经济发展的耦合协调度分析

为明确中国农村生活垃圾治理水平与经济发展之间的关系，在进一步对农村生活垃圾治理水平与经济发展的耦合协调度分析之前，首先需要将我国不同地区农村生活垃圾治理水平与经济发展的基本情况结合分析。对 2018 ～

2020年这3年间的农村生活垃圾治理水平与经济发展水平求平均，并进行排名，以坐标的形式呈现出来，如图4-2所示。从图4-2中可以看出，我国31个省份及直辖市呈现出明显的4类特征，分别是：（1）综合经济发展水平较高，生活垃圾治理水平较高；（2）综合经济发展水平较高，生活垃圾治理水平较低；（3）综合经济发展水平较弱，生活垃圾治理水平较好；（4）综合经济发展水平较低，生活垃圾治理水平较低。上海、北京、江苏、福建、山东、浙江等地区两者发展较好，且较为平衡；黑龙江、新疆、青海、甘肃等地区两个方面均发展较弱，吉林、天津、内蒙古等地在这两方面均存在不同程度上的发展失衡。

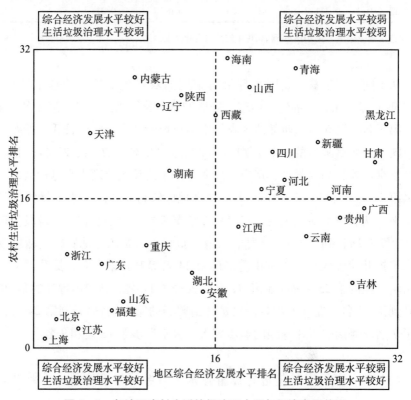

图4-2　各地区农村生活垃圾治理水平与经济发展关系

　　在此定性认知的基础上，本书进一步定量测算了农村人居环境与经济发展的协调度，计算结果见表4-8。根据前述的四阶段划分标准，发现我国整体的农村生活垃圾治理水平与经济发展属于磨合阶段，分地区来看，只有北京、上海处于高度耦合阶段；安徽、福建、广东、湖北、江苏、山东、天津、浙江、重庆处于磨合阶段；甘肃、广西、贵州、海南、河北、河南、湖南、吉林、江西、辽宁、内蒙古、宁夏、青海、山西、陕西、四川、西藏、新疆、云南均处于拮抗阶段；仅有黑龙江处于低度耦合阶段，两者发展极度不平衡。

表 4 - 8　　　　　　　农村生活垃圾治理水平与经济发展耦合协调度

地区	耦合协调度	耦合阶段	地区	耦合协调度	耦合阶段
全国	0.572	磨合阶段	江西	0.485	拮抗阶段
安徽	0.531	磨合阶段	辽宁	0.434	拮抗阶段
北京	0.830	高度耦合阶段	内蒙古	0.426	拮抗阶段
福建	0.666	磨合阶段	宁夏	0.487	拮抗阶段
甘肃	0.352	拮抗阶段	青海	0.306	拮抗阶段
广东	0.623	磨合阶段	山东	0.659	磨合阶段
广西	0.366	拮抗阶段	山西	0.414	拮抗阶段
贵州	0.429	拮抗阶段	陕西	0.371	拮抗阶段
海南	0.455	拮抗阶段	上海	0.922	高度耦合阶段
河北	0.392	拮抗阶段	四川	0.432	拮抗阶段
河南	0.417	拮抗阶段	天津	0.680	磨合阶段
黑龙江	0.257	低度耦合阶段	西藏	0.410	拮抗阶段
湖北	0.550	磨合阶段	新疆	0.376	拮抗阶段
湖南	0.472	拮抗阶段	云南	0.379	拮抗阶段
吉林	0.412	拮抗阶段	浙江	0.712	磨合阶段
江苏	0.769	磨合阶段	重庆	0.512	磨合阶段

4.1.10　中国农村生活垃圾治理水平影响因素探究

前文计算了测算了农村生活垃圾治理水平以及地区经济发展水平，并对两者的耦合协调度进行了计算与分析，对此为进一步找到决定各地区农村生活垃圾治理水平差异的影响因素，明确各因素的作用大小与方向，本书按照前文对农村人居环境整治水平影响因素探究的基本思路，探究各变量对农村生活垃圾治理水平的影响，并对比前述中的农村人居环境整治水平的影响结果，分析两者的共性与差异，回归结果如表 4 - 9 所示。

表 4 - 9　　　　　　　　农村生活垃圾治理水平影响因素探究

变量	模型 5	模型 6	模型 7	模型 8
	混合 OLS	固定效应模型	随机效应模型	双固定效应模型
urra	0.075 (0.166)	0.445 *** (0.001)	0.327 *** (0.000)	0.835 *** (0.000)
rupo	0.065 ** (0.012)	-0.300 *** (0.000)	-0.166 *** (0.000)	-0.317 *** (0.000)
ruec	0.590 *** (0.000)	0.232 ** (0.010)	0.350 *** (0.000)	0.431 *** (0.007)
fina	0.304 *** (0.000)	0.154 *** (0.005)	0.153 *** (0.003)	0.115 * (0.078)
urrud	-0.003 (0.947)	-0.041 (0.251)	-0.078 * (0.020)	-0.038 (0.290)
educ	0.007 (0.873)	0.095 * (0.100)	0.044 (0.438)	0.115 * (0.055)
cons	-0.258 *** (0.000)	-0.103 (0.170)	-0.119 ** (0.011)	-0.293 ** (0.028)
Year	No	No	No	Yes
N	256	256	256	256
R^2	0.571	0.571	—	0.607

注：括号内为 t 值，*、** 和 *** 和分别表示 10%、5% 和 1% 的显著性水平。

由表 4 - 9，混合 OLS 模型的变量显著性较差，部分结果不符合基本现实，考虑固定效应模型与随机效应模型，Hausman 检验结果的 p 值为 0.000，排除随机效应，进一步检验是否存在双固定效应，发现 F 检验的 p

值为 0.008，此时模型整体的 R^2 大于模型 6，最终确定双固定效应模型。综合双固定效应模型的回归结果发现，城镇化率（urra）、农村经济发展水平（ruec）、地区财政分权水平（fina）、农村地区教育水平（educ）的提高均促进了农村生活垃圾治理水平，其中镇化率（urra）的正向影响最大，农村经济发展水平（ruec）次之，地区财政分权水平（fina）与农村地区教育水平（educ）最小；农村人口密度（rupo）负向影响了农村生活垃圾治理水平；城乡发展差异水平（urrud）对农村生活垃圾水平的负向影响并不显著；进一步展开 Year 虚拟变量的结果来看，以 2013 年为基期，2014 年到 2020 年的农村生活垃圾治理水平均至少在 10% 的显著性水平优于 2013 年，并且 2017 年到 2020 年的农村生活垃圾治理水平是最优的，结合现实来看 2017 年到 2020 年农村生活垃圾治理确实是农村人居环境整治的重心，证实了该期间农村生活垃圾治理初见成效。

对比前述中农村人居环境整治水平的影响结果，能得出以下结论。第一，不论对于农村人居环境整治水平还是农村生活垃圾治理水平而言，城镇化率（urra）、农村地区教育水平（educ）、地区财政分权水平（fina）、农村人口密度（rupo）这四个因素均是最重要的影响因素。其中，城镇化率（urra）、农村地区教育水平（educ）、地区财政分权水平（fina）促进了农村人居环境整治水平以及农村生活垃圾治理水平，且促进作用逐渐减小，农村人口密度（rupo）负向影响了农村人居环境整治水平以及农村生活垃圾治理水平。第二，农村经济发展水平（ruec）显著促进了农村生活垃圾治理水平，但是对整体的农村人居环境整治水平促进作用不显著。究其原因可能在于，相较于农村生活垃圾治理可以依靠多元主体共同治理的方式，农村人居环境整治其他方面的农村厕所、农村污水、村容村貌更依赖政府的作用，因此弱化了地区本身的农村经济发展水平（ruec）影响。第三，城乡发展差异水平（urrud）则显著负向影响了整体的农村人居环境整治水平，但是对农村生活垃圾治理水平的负向影响并不显著。可能原因在于，城乡环卫一体化系统的不断建设，弱化了城乡发展差异水平（urrud）带来的农村生活垃圾治理水平差异。第四，相较于农村人居环境整治水平的影响因素探究农村生活垃圾治理水平除了地区固定效应，还存在时间固定效应。分析原因本书认为，从 2013 年到 2020 年，整体的农村人居环境整治水平提升幅度较小，且以农村生活垃圾治理为人居环境整治重心，导致在 2017~2020 年农村生活垃圾治理水平取得了较大的提升，因此表现为仅在农村生活垃圾治理水平的模型中存在时间固定效应。

4.2 基于需求层面微观调研数据的农村人居环境质量主观评价

4.2.1 村民人居环境质量评价

以上从供给层面对中国农村人居环境质量进行了评价，此部分将从需求层面就农户对人居环境质量的主观评价进行研究。同上，采用基于信息熵改进的 TOPSIS 法，利用 Stata15.0 从生活垃圾治理、生活污水治理、厕所改造、村容村貌整治四个方面构建农村人居环境质量主观评价指标。具体指标选取见表 4 - 10。可以看出，村民对农村生活垃圾治理的主观评价水平比较高，街道清扫服务效果均值为 4.129，投放垃圾便利程度均值为 4.197，垃圾清运效果为 3.929；生活污水处理效果评价水平比较低，均值仅为 2.319，这与上述客观评价的结论一致。此外，厕所改造和村庄整治效果评价水平较低，村庄路灯照明、绿化、村容村貌整治效果评价水平相对较高。

表 4 - 10 　　　　　　　 农村人居环境质量评价指标

指标	评分	平均值	标准差
街道清扫服务效果		4.129	1.029
到指定投放点投放垃圾的便利程度		4.197	1.126
本村垃圾清运效果		3.929	1.318
村庄生活污水处理效果	由差到好 1→5	2.319	1.564
村里卫生厕所改造效果		2.901	1.641
村庄整治（乱停车、乱占道、乱建房）情况		2.020	1.340
村庄路灯照明情况		4.479	0.896
村庄绿化情况打分		3.764	1.171
对本村村容村貌打个分		3.993	0.995

农村人居环境质量主观评价结果见表4-11。由表4-11可知，村民对农村人居环境质量评价区域差异较小，其中天津市最高，北京市居中，河北省最低，这与农村人居环境整治的客观现实存在一定的差距。说明要想获得村民对人居环境整治质量的高度评价，除了要提升农村人居环境整治质量之外，还要了解村民的人居环境整治需求，并加大政策宣传力度，提高村民的主观满意度。

表4-11　　　　　　　　　　农村人居环境质量评价值

人居环境质量评价	样本量	平均值	标准差	最小值	最大值
北京	586	0.482	0.130	0.121	0.877
天津	269	0.489	0.123	0.218	0.793
河北	676	0.401	0.138	0.097	0.941

4.2.2　村民人居环境质量评价影响因素分析

为研究村民人居环境质量评价的差异，结合前人研究，选择性别、年龄、受教育程度、婚姻状况、常住人口、学龄前儿童、收入水平、邻里关系、政策认知、干群关系和干部热情为自变量，以村民人居环境质量评价为因变量，对村民人居环境质量评价的影响因素进行分析。变量描述结果见表4-12。

被访者对农村人居环境质量的评价水平较低，平均为0.379。其中女性占比50.5%，平均年龄57.37岁，平均受教育7.17年，87%的被访者是已婚状态，家中常住人口平均有4人，家中学龄前儿童平均不到1人，家中收入在村中所处的水平平均为2.543，属于中低水平，对《农村人居环境整治三年行动方案》的了解比较缺乏，平均水平为1.556，邻里关系普遍较好，平均水平为4.519，村庄干群关系平均处于中上等水平，干部普遍在村庄居住环境整治方面具有热情，平均水平为4.109。

表 4 – 12   描述性统计分析

变量	变量描述	平均值	标准差
因变量	人居环境质量评价	0.379	0.485
性别	性别：0 = 男，1 = 女	0.506	0.500
年龄	年龄：周岁	57.37	13.39
受教育程度	受教育程度：年	7.173	3.945
婚姻状况	婚姻状况：1 = 已婚，0 = 其他	0.870	0.336
常住人口	家中常住人口：人	3.796	1.789
儿童数	学龄前儿童：人	0.358	0.638
收入水平	您家收入在村中所处水平：1 = 非常低→5 = 非常高	2.543	0.889
政策认知	您了解《农村人居环境整治三年行动方案》吗：1 = 完全不了解→5 = 完全了解	1.556	1.019
邻里关系	您的邻里关系：1 = 非常差→5 = 非常好	4.519	0.709
干群关系	村干部与村民的关系：1 = 非常不融洽→5 = 非常融洽	4.033	0.992
干部热情	村干部在治理村庄居住环境方面很有热情：1 = 完全不认可→5 = 完全认可	4.109	1.108

利用 Logit 模型对农村人居环境质量评价的影响因素进行研究，结果见表 4 – 13。

由表 4 – 13 可知，就村民个体特征而言，女性、老年人、邻里关系好的村民对村民人居环境质量评价较高；就村庄软环境而言，干群关系好、干部整治环境的热情高的村庄，村民对人居环境质量评价较高。为此，在提升农村人居环境硬指标的同时，应该考虑农村人居环境的软指标，尤其是社会关系。和谐的村庄关系可以提高村民对人居环境整治的满意度。同时，在对农村人居环境质量进行验收时，如果通过村民打分的形式进行质量评价，需要综合考虑性别、年龄、邻里关系等个人特征的差异；需要考虑村庄干群关系、干部整治环境等村庄特征的差异。

表 4 - 13　　　　　　　　村民人居环境质量评价影响因素估计结果

变量	系数	标准误
性别	0.3373 ***	0.1200
年龄	0.0182 ***	0.0052
受教育程度	0.0060	0.0181
婚姻状况	0.0155	0.1784
常住人口	0.0488	0.0400
儿童数	- 0.1284	0.1077
收入水平	0.1027	0.0695
政策认知	- 0.0060	0.0571
邻里关系	0.3901 ***	0.1042
干群关系	0.3572 ***	0.0787
干部热情	0.6145 ***	0.0859
常数项	- 8.0516 ***	0.7094
样本量	1.531	
Pseudo R2	0.1360	
LogLik	- 878.0689	

注：表中标准误为稳健估计的标准误，*** 表示 $p < 0.01$，** 表示 $p < 0.05$，* 表示 $p < 0.1$。

4.3　中国农村人居环境整治效果的整体评价

前两节从宏观层面和微观层面对中国农村人居环境整治效果进行了评价，宏观层面主要从政府供给的角度出发构建评价指标并评价，进一步进行相关性分析以及影响因素探究；微观层面主要从居民需求的角度出发进行评价及影响因素的探究。从前文的结果来看，我国的农村人居环境整治已经初见成效，下一步如何将供给侧和需求侧进行有机衔接，是未来提高农村人居环境供给水平的关键，总结现阶段我国农村人居环境供给和需求的基本特征，把握两者的基本状况就显得尤为重要。

从宏观供给层面来看，我国当前农村人居环境整治呈现以下几方面的特

征：第一，农村人居环境整体水平进步较大，但是地区发展不平衡。自
2013 年我国的农村人居环境整治以来，我国农村人居环境水平整体增长迅
速，从 2013 年到 2018 年农村人居环境水平增长了近一倍，2018～2020 年垃
圾治理水平增长了近 0.5 倍，但是地区之间发展极不平衡，东部地区的农
村人居环境整治水平较高，中部地区次之，西部地区的农村人居环境整治
水平较差。第二，部分地区经济发展与农村人居环境整治水平不协调。我
国的西部地区以及北部地区，如甘肃、广西、青海、黑龙江等地处于低度
耦合阶段，经济与农村人居环境发展极度不平衡。第三，城镇化率、农村
地区教育水平、地区财政分权水平、农村人口密度是影响农村人居环境整
治水平以及农村生活垃圾治理水平最重要的影响因素。其中，城镇化率、
农村地区教育水平、地区财政分权水平正向促进，农村人口密度负向影
响。第四，农村人居环境整治的农村厕所、农村污水、村容村貌更依赖政
府的作用，因此农村经济发展水平对整体的农村人居环境整治水平促进作
用不显著，但是显著促进了农村生活垃圾治理水平。第五，城乡环卫一体
化系统的不断建设完善，导致城乡发展差异水平对农村生活垃圾治理水平
的负向影响并不显著，但是显著负向影响了整体的农村人居环境整治水平。
第六，从 2013 年到 2020 年，农村人居环境整治的重心为农村生活垃圾治
理，导致在 2017～2020 年农村生活垃圾治理水平取得了较大的提升，但是
整体的农村人居环境整治水平提升相对而言较小，不存在明显的时间固定
效应。

从微观需求层面来看，农村人居环境整治呈现以下三方面特征：第一，
农村社会关系在农村人居环境的治理中发挥了重要作用。农村熟人社会的特
性影响了农村居民参与农村人居环境的程度，良好的邻里关系增强了村民的
村庄归属感，也造成了村民行为之间的"羊群效应"，所以农村人居环境整
治需要运用好农村的社会关系，从源头上激发农民的参与动力。第二，党建
引领是农村人居环境整治的重要抓手。干群关系好、干部整治环境的热情高
的村庄，农村居民对人居环境质量评价较高，发挥党员干部的模范带头作用
弱化了农村人居环境整治过程中的治理矛盾，避免了很多治理过程中的委托
代理矛盾。第三，农村人居环境整治的供需不匹配。从农村居民评价来看，
村民对农村人居环境质量评价区域差异较小，但是实际地区供给水平差异较
大，说明了农村人居环境整治的供给与需求不匹配，较高的供给水平并未带

来居民评价的大幅提高，较低的供给水平也并未大幅降低居民的评价水平，未来需要进一步了解整治需求、调整治理方向。

结合供需两个层面，正在进行的农村人居环境整治提升五年行动需要重点解决的问题主要包括以下几个方面：

第一，要逐步缩小东中西部农村人居环境整治的差距。无论是从前文的描述统计分析还是计量分析，都显示农村人居环境整治工作存在典型的"东高西低"特征，在农村人居环境整治提升五年行动中，加大对中西部地区的投资和政策倾斜，逐步缩小农村人居环境整治的区域差距是一项重要任务。

第二，要促进农村人居环境整治与地区经济发展高水平相协调。通过前文的实证研究可以看出，除了上海、北京、江苏、福建、山东、浙江等东部发达地区农村人居环境与地区经济发展相协调之外，我国大部分省市地区仍然处于发展失衡，或者虽然二者比较协调但均处于相对落后的状态。在正在进行的农村人居环境整治提升五年行动中，促进农村人居环境整治与地区经济发展在高水平程度上相协调也是一项重点任务。

第三，要促进农村人居环境整治供需相匹配。从农村人居环境整治三年行动取得的成效来看，我国在促进农村人居环境整治建设过程中，已经投入大量的人力物力财力，在数量上已经取得了显著的成效，但客观而言，仍然存在供需不匹配、管理机制不完善、技术水平存在局限、农户环保意识淡薄等问题，在一定程度上制约着农村人居环境整治的成效。在"十四五"后半期我国农村人居环境整治应该聚焦在促进农村人居环境整治的供需匹配方面，勇于纠偏，对过去一些"一刀切"的做法予以纠正，根据农民的真实需求来开展工作，因地制宜、实事求是，本着"数量服从质量、进度服从实效"的基本原则，扎扎实实持续推进农村人居整治工作。

第四，在农村人居环境整治工作的具体开展过程中，要结合农村熟人社会的典型特征，充分发挥党建引领、引入市场、促进村民积极参与，充分整合各方资源，发挥各方优势，因地制宜，优先规划，管理创新，严格奖惩，促使农村人居环境整治不仅仅停留在改善农村人居环境整治的表面工作上，而是成为重建村庄机制的过程，重塑官民关系的过程，留住乡愁，守卫心灵家园的过程。

4.4 本章小结

本章主要从宏微观两个层面对农村人居环境整治效果进行了实证分析，并且就宏观供给和微观需求两个层面的基本特征进行整体评价。

第一，利用宏观层面数据，采用信息熵改进的 TOPSIS 方法，构建了包含生活垃圾、生活污水、厕所、村容村貌四个方面，17 个指标的农村人居环境质量评价指标体系，对当前中国农村人居环境质量进行评估，了解当前农村人居环境的质量状况。结果显示，从 2013 年到 2018 年，全国农村人居环境质量从 0.111 增长到 0.213，增长了 1.92 倍，但仍然有较大提升空间，我国地区之间农村人居环境发展差异较大，东部地区整体的发展水平整体处于全国前列，西北地区、东北地区还需要加强。

第二，从二三产业增加值占比、人均地区生产总值、城镇人口所占比重、财政收入占 GDP 比重、城镇居民人均可支配收入、城镇居民恩格尔系数这 6 个指标构建经济发展水平指标体系，根据农村人居环境质量和经济发展水平求得中国农村人居环境与经济发展协调度。结果显示，发现我国整体的农村人居环境整治与经济发展属于磨合阶段，只有北京、上海处于高度耦合阶段，甘肃、广西、青海黑龙江处于低度耦合阶段，两者发展极度不平衡。

第三，选择并计算反映农村地区发展特征的城镇化率、农村人口密度，以及计算的农村经济发展水平、城乡发展差异水平、地区财政分权水平、农村地区教育水平的 6 个主要变量，建立固定效应模型探究这 6 个变量对农村人居环境整治水平的影响。结果显示，城镇化率、地区财政分权水平、农村地区教育水平的提高均促进农村人居环境整治水平；农村人口密度、城乡发展差异水平越大，负向影响了农村人居环境整治水平；固定效应下剔除了地区差异后，农村经济发展水平对农村人居环境整治水平的促进作用并不显著。

第四，为准确把握近年来农村人居环境整治情况，运用与农村人居环境评价分析相同的定量方法，对 2013～2020 年中国农村生活垃圾治理水平进行评价分析发现，三年内农村生活垃圾治理水平从 0.230 增长到 0.311，增长了 1.35 倍，东部地区的治理水平高于中部地区，西部地区治理水平最低。大部分地区垃圾治理水平与经济发展水平之间耦合度较低，其中黑龙江处于低度耦合阶段，两者发展极度不平衡。双固定效应回归发现，城镇化率、农村经济发展水平、地区财政分权水平、农村地区教育水平的提高均促进了农村生活垃圾治理水平；农村人口密度负向影响了农村生活垃圾治理水平；城乡发展差异水平对农村生活垃圾水平的负向影响并不显著；在 2013～2020年期间，2017～2020 年的农村生活垃圾治理水平取得的提升更较大。

第五，基于微观调研数据对京津冀农村人居环境质量进行了评价。调研结果显示，村民对农村生活垃圾治理的主观评价水平比较高，街道清扫服务效果均值 4.129，投放垃圾便利程度均值 4.197，垃圾清运效果 3.929；生活污水处理效果评价水平比较低，均值仅为 2.319，厕所改造和村庄整治效果评价水平较低，村庄路灯照明、绿化、村容村貌整治效果评价水平相对较高。农村人居环境整治整体效果北京均值为 0.482，天津为 0.489，河北为0.401，普遍较为满意。

第六，从微观层面来考虑影响农村人居环境质量的因素，计量分析结果显示：就村民个体特征而言，女性、老年人、邻里关系好的村民对村民人居环境质量评价较高；就村庄软环境而言，干群关系好、干部整治环境的热情高的村庄，村民对人居环境质量评价较高。为此，在提升农村人居环境硬指标的同时，应该考虑农村人居环境的软指标，尤其是社会关系。和谐的村庄关系可以提高村民对人居环境整治的满意度。同时，在对农村人居环境质量进行验收时，如果通过村民打分的形式进行质量评价，需要综合考虑性别、年龄、邻里关系等个人特征的差异；需要考虑村庄干群关系、干部整治环境等村庄特征的差异。

第七，从宏观供给和微观需求两个层面的特征分析表明，宏观供给层面下，我国农村人居环境整治的宏观供给能力地区差异较大，部分地区经济发展与农村人居环境整治水平不协调，且农村人居环境整治的四个方面发展不均衡。微观需求层面下，我国农村人居环境整治社会关系与党建引领的重要性，并且农村居民需求与供给出现了不匹配的问题。因此，下一步需要重点解决的问题主要包括以下四个方面：一是在宏观上农村人居环境整治一方面要逐步缩小东中西部地区间的治理差距；二是还注重农村人居环境整治与地区经济社会发展在高水平层次上的协调平衡；三是要促进农村人居环境整治供需相匹配，勇于纠偏，因地制宜、实事求是地扎实推进农村人居环境整治工作；四是在微观层面具体开展工作过程中，要注重党建引领，充分发挥各方优势，把农村人居环境整治的过程变成重建村庄治理机制、重塑官民关系、守卫心灵家园的过程。

第5章 国内外农村人居环境整治的成功经验借鉴

在评估我国农村人居环境整治效果的基础上，本章主要围绕生活垃圾治理、"厕所革命"、生活污水治理和村容村貌整治及农村人居环境整体工作推进，通过对国内外相关整治经验的总结，从中获得提升我国农村人居环境整治质量的有效经验与启示。

5.1 生活垃圾治理

乡村振兴，生态宜居是关键，而农村生活垃圾治理是美丽宜居乡村建设的主攻方向之一，是中国农村人居环境整治最为重要的一项内容。农村生活垃圾的有效治理直接关系到中国 6 亿农村居民的根本福祉，关系到中国 94%国土面积的环境改善，是打好污染防治攻坚战的重要一环，是乡村振兴战略实施过程中的一项重要任务。

生活垃圾分类可以实现垃圾减量化、资源化、无害化，对于缓解县（区）垃圾治理压力意义重大，并且是改善中国农村日益严峻的生态环境问题，促进中国低碳经济发展的必然选择政府部门对生活垃圾分类工作也特别十分重视。2016 年，习近平总书记在中央财经领导小组会议上强调，要加快建立全民参与的垃圾分类制度。为响应中央号召，2017 年，住建部在全国 100 个县（区）的农村地区开展了生活垃圾分类示范工作，要求示范区在两年内实现农村生活垃圾分类覆盖所有乡镇和 80%以上的行政村。2018年，《农村人居环境整治三年行动方案》《乡村振兴战略规划（2018～2022年)》进一步提出，有条件的地区推行垃圾就地分类和资源化利用。2019

年，习近平同志对垃圾分类工作作出重要批示，进一步强调了垃圾分类的重要性。2019~2022 年的中央一号文件均把农村生活垃圾治理放在十分重要的位置，在农村全面推进生活垃圾治理是当前农村人居环境整治的重要内容，也是乡村振兴工作的重要抓手之一。2021 年底印发的《农村人居环境整治工作提升五年行动方案（2021~2025 年）》及 2022 年 5 月份印发的《乡村建设行动方案》均要求"推进生活垃圾源头分类减量"，以及农村人居环境整治五年行动的有序扎实推进。但从发展实践来看，当前仍然有不少问题存在于我国的农村生活垃圾分类治理之中。"他山之石，可以攻玉"，为此，本部分内容主要对农村生活垃圾分类治理的国内外好的经验和做法进行系统梳理，以期能更好指导我国农村地区生活垃圾分类治理工作的有效推行。

5.1.1 国外生活垃圾治理经验借鉴

1. 德国生活垃圾治理经验借鉴

德国作为老牌的工业国家，早期工业化的发展为德国经济发展奠定了基础，也正是工业化的飞速发展以及德国经济的腾飞，使得德国很早就成为了一个"垃圾大国"，德国的年人均垃圾产量远高于欧盟的人均水平，比欧盟年人均垃圾量多出了约1/3。在此背景下，德国开始了近120年垃圾分类治理的发展道路。早在1893年，慕尼黑就出现了当时德国第一座垃圾分类处理厂，德国是世界上最早进行垃圾分类治理的国家之一，只不过当时仅为私人公司的个人行为，并未制定处理标准，只将部分有价值的垃圾进行专门的回收处理，之后的近半个世纪基本按照该模式进行垃圾治理。直到20世纪60年代，当时东西德政府均正式出台了法案，奠定了垃圾分类治理的法律基础，之后法律法规不断成熟完善，不同种类的垃圾逐渐纳入垃圾分类治理的要求中来，各种治理手段在摸索中不断成熟。到了20世纪90年代，德国垃圾分类治理体系已经基本建成，一直规范化运作到今日。目前，德国已经成为生活垃圾分类治理水平最高的国家之一，2013年的生活垃圾回收率就已在80%以上[①]。因此，

---

① 德国缘何拥有全球最高垃圾利用率［EB/OL］. 新华网，2018－04－19，https：//baijiahao. baidu. com/s?id＝1598129866596209573&wfr＝spider&for＝pc.

本书在结合前人相关研究的基础上，对德国生活垃圾治理的具体做法进行了系统梳理和分析，为我国生活垃圾分类治理体系的完善提供经验。具体内容如下：

（1）建立了完善的环境保护法律体系。

生活垃圾分类治理的治理困境之一为责任人不清晰、责任关系不清晰，德国通过法律法规的不断完善，将从产品制造到居民产生垃圾，到最终垃圾处理全流程都制定了相关的法律法规，明确了所有环节的责任主体以及主体之间的责任关系。从法律法规的数量上来看，德国各地方政府出台与环境相关的法律法规数量高达 8 000 多部①，德国通过立法保障了"生活垃圾循环经济"的有效运行，为生活垃圾分类治理体系的建立提供了制度基础。

德国生活垃圾法律法规早期强调后端治理的重要性，中期逐渐转变为前端治理，后期则强调全流程循环的治理方式。较早的《废弃物处理法》于1972 年颁布，此时对垃圾分类治理更强调末端分类处理。之后的 1986 年出台了《废弃物避免及处理法》，此时开始强调前端治理的重要性，源头分类与源头减量成为了治理重点。到了 20 世纪 90 年代，对前端治理提出了更高的要求，《废弃物分类包装条例》以正式的法律条文的形式规定了产品制造商要在产品设计环节考虑避免或者减少垃圾，并且制造商需要对其产品包装负责，进行回收再利用。之后类似的做法还有德国的电器回收法案，要求电器零售商需要回收废旧电器，并且为促进居民参与采用"以旧换新"的形式进行回收。进入新世纪以来，德国对全流程的循环治理体系更加重视，2000 年颁布的《可再生资源法》，强调了"避免产生、循环利用、末端处理"的治理原则，并且政府补贴从事资源再生的企业，促进垃圾减量化、资源化利用。为了进一步促进"垃圾循环经济"发展，《垃圾填埋条例》严格限制进入垃圾填埋场的可降解废弃物含量，尽量让垃圾进入循环利用体系，将垃圾的利用率提高到最大。

完善的法律法规为德国生活垃圾的治理提供了严格的法律约束和行为准则，一旦生活垃圾分类或者处理不到位，将受到法律的制裁，对其声誉也将造成不好的影响。一系列法律法规的规章制度约束，不仅促使德国生活垃圾

---

① 垃圾分类水平全球第一！这个国家走过了怎样的百年垃圾分类史？［EB/OL］. 前瞻网，2019－07－10，https：//baijiahao. baidu. com/s?id＝1638581774920693107&wfr＝spider&for＝pc.

分类治理取得显著成效，同时也促进了德国循环经济的大力发展，获得了"双赢"的效果。

（2）构建了完善的生活垃圾分类治理软硬件系统。

垃圾分类治理是一项从垃圾源头分类，到垃圾分类收集，再到垃圾分类清运，最后是垃圾分类处理的系统性工程。在这个过程中的每一个环节都直接影响最终的垃圾分类治理水平，因此在软件系统方面，德国率先将可溯源条形码技术引入垃圾分类治理的过程中来，将垃圾分类治理的所有环节都通过技术手段串联到一起，并且以此建立信息管理系统，一方面监督每个过程中的垃圾状态，另一方面加强了各环节之间的衔接，将垃圾治理变成了一个有机整体。在硬件系统方面，德国采用多元化的垃圾处理技术，德国的垃圾处理设施已经有 15 586 座，其中在垃圾正式被处理之前，由 1 049 个垃圾分选厂对前端分类的垃圾进行再分类，在此基础上不同的垃圾进入不同的处理阶段，分别有焚烧厂（167 座）、垃圾能源发电厂（705 座）、机械—生物处理厂（58 座）、生物处理厂（2 462 座），建筑垃圾处理厂（2 172 座）①。其中，机械—生物处理厂技术作为生活垃圾预处理的最有效方法之一，正在德国不断成熟，未来将不断增加。正是从垃圾分类的前端到后端，软件系统和硬件系统的相互配合使得德国垃圾分类治理取得不错的效果。

（3）注重全民环保教育。

推进垃圾分类治理的难点还在于居民分类习惯的培养，而习惯培养的初期居民的抵触情绪往往较为激烈，在温和的推行垃圾分类治理政策的同时，保证持续不断地引导居民产生行为，需要长期的宣传、引导、教育，甚至这个过程长达几代人的时间。德国完善垃圾分类治理的过程是漫长的，这个过程中德国对于居民环保意识的养成是十分重视的，数十年对几代人的持续宣传、引导、教育，让居民养成了从小垃圾分类的习惯，这也是德国垃圾分类治理取得如此成就的重要原因之一。从幼儿园到大学，这种教育是持续不断的，有关幼儿教育的相关法律规定，幼儿爱护环境是幼儿园的基本教育责任之一，甚至开设课程让儿童接触自然。到了小学和中学的教育中，垃圾分类成为课本内容反复学习。而大学课堂上也开设了相关课程以及相关专业，定

---

① 垃圾分类水平全球第一！这个国家走过了怎样的百年垃圾分类史？［EB/OL］. 前瞻网，2019 – 07 – 10，https：//baijiahao. baidu. com/s?id = 1638581774920693107&wfr = spider&for = pc.

向为垃圾治理相关行业输送人才。除此之外，与环境相关的从业人员超过了200万人[1]，并且一些组织会经常到全国各地进行环境保护、垃圾分类等相关宣传活动。这一系列持续的官方和非官方垃圾分类、环境保护等相关教育、培训、宣传等活动，极大地促进了德国人民热爱环境、有序进行垃圾分类习惯的养成。

（4）严格的管理制度。

德国对于垃圾分类的要求较为严格，从分类的精细程度而言，德国比日本分类的种类更多。尽管是联邦制国家，各州的分类标准可能不尽相同，但是其标准大致可以分为六大类，即生物垃圾、废纸、包装类垃圾、剩余垃圾、废旧玻璃、有毒废物。除了这些垃圾之外，大件垃圾以及废旧家用电器，德国都有专门的回收机构进行回收。并且除了垃圾分类的精细程度较高，对于不同种类的垃圾，各地区都有不同的收集时间和收集方式，需要按照当地的收运安排进行垃圾的投放，对于未经整理的垃圾收运机构拒绝收运，并且一旦出现了乱扔垃圾的情况，首先是警告处理，之后会开出罚单，甚至会提高该地区的垃圾处理费用，收到小区居民的谴责以及相应的惩罚。

除了对垃圾分类的要求之外，德国的垃圾收费制度也较为严格。针对不同类型的垃圾制定了不同的收费标准，如果是有价值的如可回收垃圾则不予收费，但是无价值的垃圾就要按照垃圾的投放量收取垃圾处理费用。根据测算，德国居民每年花费于垃圾治理的管理费用为每户约500欧元[2]，这种计费方式促使居民尽可能地将有价值的垃圾从其他垃圾里面分选出来，并且降低了垃圾处理成本，也减少了垃圾的产生。

对于生产企业，德国也制定了相关规定，如要求产品生产商保证生产商品包装的回收率，一旦违反需要缴纳罚款。因此，产品生产商除了改进包装类型，减少不必要的垃圾产生，同时也逼迫这些企业对该公司的产品包装进行回收处理。对于饮料制造商，也有相应的押金制度，要求生产企业对饮料瓶、饮料罐收取额外的费用，以促进饮料瓶、饮料罐的回收利用，同时也减少了饮料的消费。德国的这些做法，一方面促进了垃圾减量，另一方面提高了产品包装的利用率。

---

[1][2]　垃圾分类水平全球第一！这个国家走过了怎样的百年垃圾分类史？［EB/OL］. 前瞻网，2019 - 07 - 10，https：//baijiahao. baidu. com/s?id = 1638581774920693107&wfr = spider&for = pc.

2. 日本生活垃圾治理经验借鉴

日本生活垃圾治理起步比较早，在 20 世纪 50 年代就出台《清扫法》对市镇村各级生活垃圾的收运责任予以规定。以严谨的法律法规为基础，日本通过制定生活垃圾分类标准细则、生活垃圾收运政策，协调社会各层面的参与，通过长期宣传达到生活垃圾分类的全社会认同。作为世界公认垃圾分类最精细的国家之一，日本在生活垃圾分类、资源化利用和加强后端处理的基础上，已经向循环社会逐步迈进。日本有关生活垃圾的处理政策及实施对我国农村生活垃圾产生强度高和利用不充分等问题极具参考意义。

（1）突出减量目标。

日本通过分析国情，明晰了生活垃圾治理的根本目标：减量。随着时代和社会发展，减量目标的重点也逐步转移：初期日本国内废弃物的体量很大，而且分类刚刚开始，仅以提高垃圾利用率减少焚烧处理垃圾量为目标；中后期日本民众对垃圾分类的接受度较高，垃圾"减量"理念也深入居民生活的方方面面，减量目标深化为源头减量。在生活垃圾分类治理过程中，由上到下都对治理的减量目标有清醒认知并贯穿全程，从日本生活垃圾政策和实施效果可以看出，明晰治理目标或者管理目的有利于推进生活垃圾的全方位推进。

（2）配合实施按量收费。

日本全国共划分为 47 个都道府县，都道府县各地区气候和人口条件复杂，因此各地区对于分类规定也有所差异。各地区为建立适应自身特色的分类实施方案，在垃圾分类实行之初都针对当地进行了民众生活习惯和生活垃圾产生情况调研。各自治体可以在广泛调查并听取居民意见、制订计划、信息公开的基础上自行制定时间表。在 2005 年日本对于垃圾收费制度已有雏形，即通过按垃圾产生量收取费用，各地区具体可以自行设置符合国家规定的收费依据和标准，如茨城县土浦市的垃圾处理费专门对可焚烧垃圾和不可焚烧垃圾的官方垃圾处理袋中收取，扔垃圾时由于必须使用政府统一垃圾袋，因此也通过这一举措减少了不可回收垃圾的产量。最终，日本多数城市分为可焚烧垃圾、不可焚烧垃圾、资源化利用垃圾和大型垃圾四大类，在此基础上再分为 5 ~ 20 个小类（例如，不可焚烧垃圾又分为玻璃、陶瓷、金属制品等；资源化利用垃圾包含塑料、铝罐、纸类等），如德岛县上胜町垃圾分类达 34 种，鹿儿岛县大崎町分出 28 种生活垃圾，熊本县水俣市生活垃圾分有 24 种。

（3）重视前期宣传教育。

垃圾分类回收前期，垃圾分类主要由政府主导，部分地区问题垃圾严峻对居民的生产和生活已经产生了重要影响，垃圾处理站供应不足、居民分类响应不积极、对垃圾分类了解度不高等问题使部分地方开始对居民进行垃圾分类知识普及、分类好处的宣传和正确分类的规范化教育。日本自治体之间区域联系紧密，在正式推行垃圾分类之前广泛地开展了垃圾分类居民教育。东京都政府为后期顺利开展垃圾分类，在前期做了大量铺垫和宣传。为了激发居民环保意识，政府在 1989 年和 1990 年分别举办"东京瘦身"活动和东京巨蛋垃圾分类现场活动。在城市人口流动大的车站张贴海报，将垃圾分类知识和理念通过居民活动，以现场讲解、分发宣传手册等更平易近人的方式拉近居民和政策的距离。

（4）配合实施按量收费。

日本垃圾收费制度的建设之路并不是一帆风顺的，尽管早在 1900 年日本政府就将垃圾收运及处理划分为各级政府的法定义务，此时垃圾分类还未开始实行，但在实际操作中地方政府并未接管垃圾收运和处理工作，而是将其交由私营垃圾处理机构负责，费用由政府向民众收取对私营机构进行支付。之后，1950～1960 年，垃圾收运处理又实行过对民众免费，但 20 世纪 70 年代末通过居民使用官方垃圾袋的形式再次对垃圾处理费进行收取。垃圾按量收费不仅促进日本垃圾分类的顺利进行，随着分类的精细和普及，也会促进垃圾收费制度的完善。因为通过装入官方制定垃圾袋可以为民众提供分类和处理的便利，同时帮助政府收取民众的垃圾处理费，还能降低垃圾错误分类的概率，提高居民对垃圾种类的敏感度。

3. 美国生活垃圾治理经验借鉴

生活垃圾分类制度在 20 世纪 80 年代末终于在美国纽约正式建立。2015 年仅一年时间，美国产垃圾高达 2.6 亿吨。拥有着世界百分之四人口的美国，竟产出世界约 30% 的垃圾。形成鲜明对比的是，2017 年中国以美国近 4 倍的人口，产出 2.15 亿吨垃圾，比两年前的美国垃圾少了

0.45 亿吨①。美国作为典型的高消费与垃圾废弃物高产量国家，其垃圾分类治理的经验也很值得我国借鉴。美国生活垃圾治理最重要的理念——固废垃圾一体化管理，在现代被美国联邦和地方各级政府所重视和参考。

（1）严格详尽的垃圾管理规范和分类细则。

垃圾管理规范中对美国农村垃圾收集处理有非常严格的要求，对收运规范有着明确的标准。尤其是在深秋时节的落叶，家庭先自行收集并装入纸袋中，再按要求放在房屋前的指定位置，最终都由垃圾车收运至处理公司。剩余的垃圾分类后装入规定塑料袋，按时投入垃圾桶并送至路边，由专业公司将垃圾桶装运到处理公司。美国各市政府对于特定地点，如机关和学校，作出以下分类细则：干燥无污染的纸质垃圾单独放入蓝色桶中，无水无污染的瓶子罐头等垃圾放入绿色垃圾桶等；对各种垃圾每次收集的时间范围和垃圾尺寸大小也针对性地作出规定；所有可回收垃圾的收集设在特定区域，并用独特颜色进行标注。

（2）垃圾处理全面市场化。

美国基于"垃圾公司深入乡村"理念，政府通过构建垃圾处理市场化服务，对政府无法提供的农村生活垃圾处理采取政府购买的方式。美国的农村生活垃圾一般由中小型规模的家庭公司承担，在全国范围内负责收运的小型公司数量众多。因为美国农村家庭住宅比较稀疏分散，而大大小小的收运公司构成了完善的收集网，保证每家的生活垃圾都能得到及时收运。政府如果对某个公司不满意可及时更换，这样保障了村民生态环境质量，也使得一些收运公司竞争激励并保持。

（3）多样化的家庭垃圾处理措施。

美国生活垃圾管理是层级式管理，先对能源头处理的垃圾进行减量处理，其次对可循环利用的垃圾实行再利用，再次对剩下的可以进行焚烧的垃圾实行焚烧能源化利用，最后剩下的废弃物进行填埋处理。针对有机垃圾，源头减量处理政策之下，美国很多家庭拥有小型破碎机，在厨房直接将有机垃圾粉碎，在厨房实现有机垃圾减量。可循环利用政策之下，没有厨房粉碎条件的家庭，有机垃圾尽量先在家庭分散式堆肥，或者可在村庄集中堆肥。

---

① 美国人口占全球 4%，生产了全球 17% 的塑料垃圾［EB/OL］. 观察者网，2020 - 11 - 03，https：//baijiahao. baidu. com/s?id = 1682317529821574026&wfr = spider&for = pc.

各地方的垃圾处理设备作为公共物品是由政府出资建设，后由私人经营。为保障收运公司、垃圾处理企业的经济利润和参与积极性，政府扶持多方主体参与到垃圾分类活动中来。

（4）运用科学高效的服务购买流程。

美国政府购买服务的程序大致分为 4 个环节：一是购买前制定需求方案，明确购买服务的具体内容、期望实现的目标、提供方式、服务价格和提供期限等。二是筛选合作伙伴，通过对标需求方案，对比参选企业，选择最合适的服务供应商，最后签订服务购买合同。美国政府与处理企业则按照规定的标准共同承担费用，以增加企业在保障供给质量时的盈利空间和调动企业服务的积极性。三是事中加强质量管理，在垃圾分类、收集、运输和处置各环节，对相关主体实行全方位监督，以保障垃圾收运处理服务的质量和高效。四是事后开展绩效评估，依据政府考核标准对企业的实际成本、服务质量和绩效表现等方面进行考核。某机构曾对美国 300 多个地方社区垃圾管理情况进行调查，结果显示，私营机构承包相比政府直接提供服务节约成本约25%（Bel et al.，2008）。

（5）奖励与宣传鼓励居民规范参与。

奖励与宣传等多举措培养居民分类意识和习惯。政府免费为居民发放垃圾分类放置箱以及垃圾投放和收集的时间表。居民将不同类型的垃圾分类投放到对应的分类放置箱中，错误投放或不按时投放则需要支付额外费用。收运公司则根据政府下发的收集时间表，规范按时地去规定地点收取垃圾桶，并将收集的垃圾分类转运给处理企业。此外，政府系统利用大众媒体广泛宣传参与垃圾治理的重要性，并利用政府网站公布垃圾处理信息以接受居民监督。

4. 国外生活垃圾治理经验对比分析

相对于美国而言，德国和日本的人口密度更大，因此德日两国的生活垃圾治理经验相似点比较多：比如灵活精巧的经济政策激励、注重垃圾分类前期宣传教育、注重源头减量和计量收费。日本因地形和社会环境不同针对不同地区会做详尽的前期调研，因此灵活制订垃圾分类地区方案；德国特殊之处在于国家垃圾分类的硬件设施比较多，设计更加人性化。

美国国土面积广阔，因此美国垃圾分类经验主要在于拥有健全的垃圾

服务市场。在政府引导下，垃圾收运服务外包给专业公司。美国拥有数量
众多的收运公司，政府购买服务的流程也逐步科学和高效。垃圾收运、处
理公司与政府的利益分配机制协调更加激励了多主体参与，值得我国借鉴
和学习。

5.1.2 国内生活垃圾治理经验借鉴

1. 农村生活垃圾治理"大庄科模式"借鉴

大庄科乡是北京市生态涵养区的生活垃圾分类治理的示范乡镇，受生态
保护红线制约，许多产业发展受到限制，财政收入水平不高，基本靠上级政
府的转移支付。2010年之前，大庄科乡的生活垃圾处理模式是"垃圾不出
山"，各村自行填埋。随着居民生活水平的提高和消费结构的变化，村庄积
累了越来越多的白色垃圾，严重影响了当地环境卫生。为此，大庄科乡开始
推动白色垃圾换购活动，即居民收集白色垃圾，乡政府一季度举办一次换购
活动，按照白色垃圾的重量换购相应的生活用品。村民参与此活动的积极性
非常高，使得村域内白色垃圾大大减少。2013年之后，大庄科乡在白色垃
圾换购活动的基础上，开展了生活垃圾分类活动。2018年全乡用于生活垃
圾治理的费用合计90万元左右，其中，30万元左右用于白色垃圾换购和白
色垃圾清运。

（1）实行"建立台账+严格考核+以奖代补"的政府供给模式。

乡市政市容所每个季度到各个村庄开展白色垃圾换购活动，然后由各村
庄保洁员对换购的白色垃圾进行分拣，其中，可回收部分由可回收垃圾回收
利用企业进行资源化利用，不可回收部分由乡生活垃圾收运员运输到区卫生
填埋场采取填埋处理。在白色垃圾换购活动的基础上，乡政府为每家每户发
放3个户用垃圾桶，分别放置厨余垃圾、灰土垃圾和其他垃圾。厨余垃圾和
灰土垃圾基本由村民自行处理，而其他垃圾由村庄保洁员分拣出可回收垃圾
后，统一收集至垃圾箱中，由乡生活垃圾收运员运输到区卫生填埋场处理。
售卖可回收垃圾所得收入，用来补贴乡市政市容所的生活垃圾治理费用。生
活垃圾分类治理过程中涉及的人员工资、设备投入主要来自上级政府的转移
支付。

（2）灵活的激励机制。

白色垃圾换购在促进村民参与生活垃圾分类方面发挥了重要作用。大庄科乡的居民收入水平比较低，村民的闲暇时间比较多，白色垃圾换购生活用品对村民参与垃圾分类的激励作用比较大。有的村民甚至把原来一些陈年的白色垃圾收集起来，或者把其他地方的白色垃圾捡拾起来，用于集中换购。不过近年来，随着居民生活水平的提高，白色垃圾换购生活用品的激励作用也有所下降。

（3）严格且完善的监督考核机制。

严格的监督考核制度是大庄科乡开展生活垃圾分类工作的重要推动力。大庄科乡在环境整治监督考核方面有完善的分级体系，具体包括：第一，区城市管理委员会（以下简称"城管委"）对乡镇的监督和考核。区城管委通过购买服务的方式，聘请第三方公司监督和考核全区的环境卫生整治情况。第三方公司通过月暗查、季度明查的方式，将考核结果反馈给区城管委。区城管委通过每个月下发环境台账的方式，公开通告各乡镇的环境卫生情况，并责令各乡镇整改。第三方公司再对整改情况进行现场检查，若整改不合格会在全区环境整治大会上通报批评。区政府根据各乡镇在一年中环境整治的表现，以奖代补，给各乡镇发放环境整治专项资金。这在一定程度上激励了各乡镇推进环境卫生整治工作的积极性。第二，大庄科乡政府对村"两委"和保洁员的监督和考核。大庄科乡政府成立了市政市容所，工作人员包括所长、区级环境督查员和乡级环境督查员。乡级环境督察员分片监督考核村庄保洁员，一旦发现问题则视情况给予警告、罚款、辞退等处罚，并同时记录到村干部的绩效考核中。区级环境督查员负责监督考核乡级环境督查员，一旦发现问题同样会根据情况给予警告、罚款、辞退等处罚。此外，乡政府每季度都会聘请第三方公司对各行政村的环境整治进行考核，考核结果与环境督察员和村干部的年终奖金挂钩。第三，村干部和保洁员对农户的监督。村干部和村庄保洁员负责监督农村居民的环境卫生行为，对有违反村规民约行为的村民进行劝导，并责令其改正。

2. 农村生活垃圾治理"北沟模式"借鉴

2004 年之前，北京市怀柔区北沟村是一个贫困村，环境卫生较差。现任村支部书记于 2004 年任职之后，开始着力提升村民素质，通过用物质奖励激励村民参与传统文化学习、建设文化长廊等，潜移默化地提升了村民的集体归属感与村集体的凝聚力。同时，通过党员带头的方式狠抓环境治理和基建工作，消除了村内的卫生死角。背靠长城，加上好的卫生环境和淳朴的民风，北沟村吸引了一批国际友人入住。通过发展民俗旅游，建立餐饮公司，北沟村盘活了村庄集体资产。2017 年北沟村开始推进生活垃圾分类工作。2018 年，村庄集体资产约 8 000 万元，农村居民人均纯收入约 27 300元。为此，村庄荣获了"全国民主法治示范村""京郊环境治理先进村"等众多荣誉称号。

（1）村"两委"积极动员村民参与。

在实行生活垃圾分类制度之前，村"两委"成员和其他党员，以及非党员村民代表带头对村庄进行了彻底清扫，捡拾了所有公共区域的生活垃圾，使得村庄环境焕然一新。随后，村"两委"组织全村户主召开户主大会，决议制定了村规民约，并组织村民参加生活垃圾分类培训，还通过党员干部包户监督指导、日常广播宣传等方式，用一年左右的时间引导村民形成了生活垃圾分类的良好习惯。村庄还成立了党员服务队，于每月 5 日党员包片打扫村庄卫生，充分发挥了党建引领的作用。

（2）"全民参与＋物业化管理"提升垃圾治理效果。

村"两委"给每户居民发放 3 个户用垃圾桶，分别放置厨余垃圾、可回收垃圾、其他垃圾，每天两次定时由村庄物业公司的保洁员负责上门收集。收集车辆为改装过的、放有 4 个大垃圾桶的电动三轮车，低成本地实现了分类收集。收集后的生活垃圾集中存放在村庄垃圾分拣中心，由分拣人员进行二次分拣。怀柔区环卫企业定时来村庄分类收运垃圾，将收集的厨余垃圾运输到区垃圾综合处理场，采取生化处理；将其他垃圾运输到区卫生填埋场，采取填埋处理。可回收垃圾由村庄物业公司的保洁员卖给回收企业再利用，收益归保洁员自己所有。有毒有害垃圾由村庄物业公司的保洁员单独收集，积累到一定量后，由怀柔区环卫企业收运，交由有资质的有毒有害垃圾处理企业处理。

（3）长效机制保障村庄生活垃圾分类持续运行。

为了制止村民的"搭便车"行为，村里一方面撤掉了公共区域的垃圾桶，改为给村民发放户用垃圾桶；另一方面制定了"不分类、不回收"的村规民约，促使村民必须分类投放垃圾。在调查过程中，当农户被问到

"村里人都会进行垃圾分类吗?"他们的回答是"不分类保洁员不回收,垃圾也没地方倒,都臭门口了,都会进行垃圾分类"。为了保障生活垃圾分类制度的实施,村庄成立了物业管理公司,并聘请村庄的"能人"管理公司,每年支付 8 万元物业管理费。物业公司负责监督、考核保洁员的工作。村"两委"和村民代表定期召开会议考核物业公司的工作,考核结果直接与物业公司管理人员和保洁员的工资挂钩。公司化的管理模式,提高了村庄物业公司服务的效率,避免了熟人监管可能出现的监管不严、惩治松懈等问题,有效地保障了村民自主供给模式的高效运行。

(4)垃圾村自治提升了村庄的凝聚力。

通过近两年的生活垃圾分类治理,北沟村生态更加宜居。从开始实行生活垃圾分类到现在,村民已经养成了垃圾分类的好习惯,村庄日常平均一天产生垃圾 9~10 桶(每桶的容量为 240 升),其中,厨余垃圾 1 桶,可回收垃圾约 3 桶,其余的为其他垃圾。目前,北沟村基本做到了生活垃圾的分类投放与分类收集,使得生活垃圾资源化利用率大大提高,也减少了污染。近两年的生活垃圾分类治理也促进了村庄的治理有效。村庄的党员干部在生活垃圾分类治理工作中做了大量工作,拉近了村民与村"两委"的关系,使得村民人人愿意参与公共事务,提高了村庄的凝聚力和村民的集体荣誉感。

3. 农村生活垃圾治理"北庄模式"借鉴

在 2015 年以前,北京市密云区北庄镇的生活垃圾治理采取的是政府供给模式,但效果并不理想,垃圾收运不及时,乱堆乱放问题突出。从 2016 年开始,北庄镇采取了购买服务的方式,将全镇的农村生活垃圾治理服务委托给一家以"专业环境服务运营商"为定位的民营企业——北京隆盛环境工程有限公司(以下简称"隆盛环境")。在镇政府和该企业的反复实践下,探索出了一条生活垃圾"中间分类"的道路。

(1)市场化运作减轻政府垃圾处理负担。

镇政府设立了生态环境保护中心负责全镇的环境治理。居民定点投放生活垃圾,由村庄生态环境管护员和村"两委"监督居民的定点投放行为,并保持村庄干净整洁。隆盛环境负责监督考核各村的生态环境管护员,并将各村的生活垃圾集中收集、转运至镇生活垃圾分拣中心。分拣中心利用人工分拣和机械筛分设备,将生活垃圾分为重物质混合物(包括厨余垃圾、灰土垃圾和园艺垃圾)、轻物质混合物(包括塑料袋、纸巾等)、可回收垃圾(包括塑料瓶、金属、玻璃等)和有毒有害垃圾。对于各类垃圾,隆盛环境的处理方式为:重物质混合物粉碎后经发酵用于园林绿化,轻物质混合物运至区垃圾焚烧厂统一处理,可回收垃圾出售给可回收垃圾回收利用企业,有毒有害垃圾转运至有资质的有毒有害垃圾处理企业处理。镇生活垃圾分拣中心由北庄镇政府投资建设,合计投入300多万元。镇政府每年支付给隆盛环境150万元的管理费用(姜利娜、赵霞,2020),将镇域内生活垃圾的日常收运、生态环境管护员考核管理、垃圾分拣中心运营等管理工作委托给隆盛环境,而生态环境管护员的补助由镇政府和区政府共同负担。

(2) 监督和考核减少了政企之间信息不对称。

生态环境保护中心作为主管环境问题的政府部门,负责监督、考核隆盛环境的日常管理工作,并且考核各村村"两委"的环境整治工作,考核结果直接与隆盛环境获得的管理费用和村"两委"成员的奖金相挂钩。隆盛环境作为北庄镇生活垃圾治理的代理方,需要监管、考核生态环境管护员,管理生活垃圾运输员和分拣员(隆盛环境的员工)。村"两委"要负责村域内的环境卫生,就要做好生态环境管护员的监督工作。生态环境保护中心在考核隆盛环境和村"两委"工作的同时,需要不定期抽查生态环境管护员、生活垃圾运输员和分拣员的工作。所以,生态环境管护员需要接受镇政府、隆盛环境和村"两委"的三重监督,生活垃圾运输员和分拣员需要接受镇政府和隆盛环境的双重监督,这在一定程度上减少了委托代理关系中政府和企业之间信息不对称的问题。

(3) 互利共赢促进了政企之间的紧密合作。

北庄镇有生活垃圾减量化的迫切需求,隆盛环境希望成为环卫服务行业的引领者。双方的有效合作,不仅有利于北庄镇实现生活垃圾减量化的目标,也有利于隆盛环境扩大市场影响力,成为业界的标杆企业,从而实现互利共赢。

(4) 市场化运作提高垃圾分类治理效果。

北庄镇地处密云水库上游,"保水"任务比较重。实行市场供给模式之后,北庄镇的生活垃圾治理水平得到了极大提高。垃圾入桶,中间分类,有效地改善了村镇环境卫生,实现了垃圾减量化目标。垃圾分拣后,重物质混合物和可回收垃圾可以实现资源化利用,生活垃圾就地减量50%~65%,

减轻了密云区垃圾焚烧厂的垃圾处理压力，也保护了生态环境，是生活垃圾分类的有益尝试，具有一定的借鉴意义。

4. 农村生活垃圾治理"王平模式"借鉴

王平镇是北京市农村生活垃圾治理的试点区域之一。2007 年以来，北京市农村经济研究中心在王平镇开展了农村生活垃圾分类与资源化利用实验，通过开会培训、入户宣传与物质激励相融合的动员措施，鼓励农村居民参与生活垃圾分类。经过长达 6 年的实践，王平镇建立了适合当地的农村生活垃圾资源化处理体系。但是，随着生活垃圾产生量的增多和环境考核标准的愈加严格，原来的终端处理设施已不能满足生活垃圾处理需求，王平镇的生活垃圾分类工作一度中断。自 2017 年开始，在政策驱动下，王平镇吸取之前的经验教训，纳入了市场化管理的思路，又重新启动了生活垃圾分类工作。

（1）王平镇生活垃圾分类治理模式。

王平镇对生活垃圾分类治理实行"全民参与＋政府引导＋企业专业化管理"的多元共治模式，其具体做法是：镇政府为每户发放 3 个户用垃圾桶，分别放置厨余垃圾、可回收垃圾和其他垃圾，并在每个村庄设置一个密闭式的生活垃圾分类集中点。村物业公司负责每天上门分类收集垃圾，并存放在村集中点。随后，厨余垃圾处理企业负责将各村的厨余垃圾收运至镇厨余垃圾处理站采取发酵处理，经发酵处理后的有机肥由农户自愿认领还田（先到先得）。可回收垃圾回收利用企业负责将各村的可回收垃圾运走，采取资源化利用方式处理。生活垃圾收运企业将各村的其他垃圾收运至镇垃圾中转站，由中转站采取压缩处理，然后由区政府委托的环卫企业将压缩后的垃圾运至区垃圾焚烧厂，由焚烧厂采取焚烧处理。在该模式下，政府提供硬件支持，并支付大部分人员的工资。餐厨垃圾处理站由镇政府投资建设，并购买餐厨垃圾处理企业的设备，并以购买服务的方式委托餐厨垃圾处理企业负责日常运营。可回收垃圾则免费交由可回收垃圾回收利用企业处理。其他垃圾处理由镇政府投资建设垃圾中转站，并购买车辆设备，由环卫企业负责日常运营。

（2）多元主体共同促进了生活垃圾分类治理。

在王平镇，涉及生活垃圾分类的主体包括镇政府、厨余垃圾处理企业、可回收垃圾资源化回收利用企业、生活垃圾收运企业、村物业公司、村

"两委"和村民。在治理过程中，村民长期积累的生活垃圾分类经验，加上政府对生活垃圾分类合格家庭的换购奖励，保障了生活垃圾的分类投放。厨余垃圾处理企业、可回收垃圾资源化回收利用企业、生活垃圾收运企业、村"两委"多方监督村物业公司，若发现问题，可以拍照发送给镇政府，由镇政府相关部门责令村物业公司整改。这种多方监督保障了生活垃圾的分类收集。分类收集之后，三家企业各取所需，保障了生活垃圾的分类运输和处理。最终，各主体利用自己在生活垃圾分类各环节的资源优势，合力促进了王平镇生活垃圾的分类治理。

（3）利益联结机制保障分类长效运行。

镇政府要完成生活垃圾分类、减量化、资源化的工作任务，对涉及的三家企业、村"两委"、村物业公司会严格监督并考核，根据考核结果进行奖补或惩罚。厨余垃圾处理企业为了保障处理效果，会监督村物业公司做好厨余垃圾分类；生活垃圾收运企业为了降低运输成本会监督村物业公司做好其他垃圾分类；可回收垃圾资源化回收利用企业为了减少后期处理成本会监督村物业公司做好可回收垃圾分类；村"两委"为了获得更多的年终奖金，也有动力监督村物业公司分类收集生活垃圾；村民体验过垃圾分类带来的环境改善的收益好处，加之有物质奖励，也有动力分类投放生活垃圾。各主体都能从生活垃圾分类中获得收益，保障了生活垃圾分类长效运行。

王平镇采取生活垃圾多元共治模式之后，能够保障厨余垃圾不出镇便可得到资源化利用，可回收垃圾也能够被利用到再生资源系统中，极大地降低了垃圾焚烧厂的垃圾处理压力。居民由于感受到了环境改善带来的收益好处，也愿意积极参与到生活垃圾分类中来。王平镇生活垃圾分类治理的整体效果较好。

5. 农村生活垃圾治理的"横县模式"借鉴

横县的地理位置处于广西壮族自治区的南部，县域范围之内一共有 17 个乡镇，于 2021 年撤销横县，设立县级横州市。横县的总面积为 3 464 平方千米，2021 年全县年末户籍总人口为 126.94 万人（横州市统计局，2022）。从地理位置上来看，横州市地处山区，四周群山环抱，市内地区平缓开阔。

（1）垃圾分类的渐进式探索。

早在 1993 年横县已经开始垃圾分类试点和环境治理实验。横县垃圾分类治理的脉络共经历了 8 个阶段：学习准备阶段、垃圾分类基本情况和居民意愿调研阶段、垃圾分类正式实施阶段、垃圾分类推广阶段、有机垃圾堆肥实验阶段、企业参与堆肥工作阶段、堆肥田间应用试验阶段和垃圾分类工作评估总结阶段。

（2）建立起"片区集中处理"的治理模式。

横县部分村庄逐步实现了垃圾不出村的处理方式，在村内完成垃圾分类减量与焚烧处置，并且以村庄为中心，探索出"片区集中处理"的治理模式。首先，对该县农村进行片区划分，并且依据交通情况与处理条件等实际情况，选择有条件的村庄安装生活垃圾焚烧处理装置，片区内各村实施按户分类，每家每户进行干垃圾与湿垃圾的分类投放，由村保洁员上门收集并进行二次分类，部分垃圾由县垃圾处理中心处理，剩下的垃圾由各片区的村级生活垃圾焚烧装置进行焚烧处理。

（3）城市带动农村探索有机肥的处理方法。

在 2001 年底，香港浸会大学的专家对横县垃圾堆肥的实施展开调研，对堆肥的条件进行论证；次年进一步对横县现有有机废弃物的种类和利用概况做调研，紧接着当地政府又召开工作会议专门讨论垃圾综合治理问题；在当地基金会的支持下，当地化肥工厂与香港浸会大学展开为期一年的合作，化肥工厂于 2002 年 8 月正式试产。从 2018 年起，横县城区每一年会产生约 4 000 吨的垃圾用于堆肥，减少了近 1/4 的填埋垃圾总量。

2013 年开始，横县展开了美丽乡村建设行动，开始将多年的城市生活垃圾分类处理经验推广到农村。经过多年努力，横县垃圾分类工作成效斐然，垃圾分类基础设施实现了更新换代，截至 2022 年，全县已建设 305 个垃圾收集点，垃圾分类宣传覆盖 1 700 个自然村，每个乡镇均设有示范村，以点带面推动全域垃圾分类治理①。

6. 国内农村生活垃圾治理经验的对比

通过深入剖析 5 种生活垃圾分类治理模式的实践案例，我们发现 5 种模

---

① 广西横州汶塘村：垃圾分类走进生活［EB/OL］．南宁市市政和园林管理局，2022 – 07 – 08，http：//szyl. nanning. gov. cn/xxgk_5612/zwdt_5617/xydt_17794/szdt/t5264769. html．

式各有利弊，其适用条件也不尽相同，现归结如下：

第一，对于"大庄科模式"而言，其优势在于政府通过立法形式为该地区农村生活垃圾分类创造了硬性条件，政府可以统筹生活垃圾收集、运输和处理，实现分类收运和分类处理的规模效益。这种模式适用于政府主管官员对农村生活垃圾分类治理比较重视，政府治理能力比较强，对各主体各环节有完善的监督考核制度，并且能通过引入竞争机制和奖罚措施激励各政府部门积极参与农村生活垃圾分类治理的地区。同时，该模式也需要建设完善的生活垃圾分类收运和分类处理体系。

第二，对于"北沟模式"而言，其优势在于生活垃圾分类投放和分类收集环节的成本比较低，效率比较高。但该模式的弊端在于，如果只有个别村庄实行生活垃圾分类，在分类运输和分类处理环节不能形成规模效应，成本会相对较高。该模式适用于党建基础好，村"两委"群众基础好，有号召力，能组织全体村民参与生活垃圾分类的村庄，并且村庄需有一定的经济实力，能够保障生活垃圾分类治理的长效运行。此外，该模式还需要建设完善的生活垃圾分类收运和分类处理体系。

第三，对于"北庄模式"而言，其优势在于企业拥有专业的管理知识和技术，在生活垃圾的分类收集、分类运输、分类处理和保洁员监督管理方面更加科学合理，效率更高。但该模式的弊端在于，生活垃圾分类投放环节难以监管，所以企业一般不愿意涉足。另外，政府追求的目标是低成本实现全域内的干净卫生，而企业追求的是利润最大化，两者目标不一致。作为信息优势方的企业可能采取抬高要价或者压低成本的方式，在生活垃圾治理中只管垃圾桶里的垃圾，做不到全域干净卫生，不利于政府目标的实现。该模式适用于政府有购买第三方服务的资金支持，并且有较强的治理能力，对企业有严格的监督考核制度的地区，以降低政府的信息劣势。该模式还要求市场竞争要相对充分，这样，可供政府选择的企业比较多，以避免企业垄断。此外，该模式还需要在后端建设完善的生活垃圾分类收运和分类处理体系。

第四，对于"王平模式"而言，其优势在于能够充分发挥各个利益主体在生活垃圾分类治理各环节的资源优势，高效推动农村生活垃圾分类治理，但这种模式的弊端在于，各个主体都追求自己的最大利益，因而需要有一个完善的利益联结机制，以保障各利益主体利益的实现。如果主体间权责利不协调，就达不到生活垃圾分类治理的效果。该模式适用于村"两委"、地方政府、市场都有一定资源优势的地方，这样，各自能够在生活垃圾的分类投放、收集、运输和处理环节发挥监督优势、资金优势、管理优势和技术优势。同时，该模式也需要建设完善的生活垃圾分类收运和分类处理体系。

第五，对于"横县模式"而言，其优势在于：横县的生态环境优美，又有茉莉花茶地标农产品，政府和村民拥有垃圾分类的动力；早年间北京"绿十字"公益组织来横县帮助该地区进行环境整治的优势；与香港浸会大学进行有机肥项目研发合作的条件。但横县经验不能直接套用在我国其他农村地区，横县的垃圾分类除了与自身条件有关，也与当时的各种发展契机相关。这种模式适应于生态环境意义重大，环境与该地区生产和经济发展紧密联系的地区，且需要专业的机构或组织进行针对性的方案设计。

5.1.3　生活垃圾治理经验启示

农村生活垃圾治理是一个系统工程，包括投放、收集、运输、处理 4 个环节，涉及居民、村"两委"、企业、政府、第三方组织等多元利益主体，需要构建适宜的组织、收运、宣传动员和监督考核等诸多体系，确保农村生活垃圾治理系统的完善。要想推动农村生活垃圾分类工作的开展，需要在制度体系、动员体系、收运体系、支撑体系方面建设相应的配套机制：

第一，在制度体系建设方面，一是要合理制定生活垃圾分类制度考核标准。为了不让垃圾分类工作沦为发垃圾桶的"形象工程"，应该以减量化、资源化为重要考核指标，建立完善的生活垃圾分类制度考核标准。二是要进一步加大执法力度。为了奖优罚劣以激励、敦促农村居民全民参与生活垃圾分类，应该加大严格执法力度，对于违反垃圾分类制度的居民予以物质惩罚或者计入个人征信，完善立法、严格执法，有效促进农村居民积极参与垃圾分类。

第二，在动员体系建设方面，需要继续强化村"两委"的工作。在目前的农村生活垃圾分类治理工作中，无论采取哪种模式，村"两委"的工作均至关重要，前文的案例剖析充分证实了这一点。为此，在未来继续完善农村生活垃圾分类治理的过程中，一要发挥基层党员干部的示范带动作用。首先，要把垃圾分类纳入优秀党员干部的考核标准，促进每个党员干部积极做垃圾分类的"排头兵"。其次，要发挥村庄熟人社会的特性，通过党员干部的示范带动，引导更多村民参与到生活垃圾分类中来。二要发挥基层党员干部的宣传教育作用。人人参与垃圾分类的前提是人人知晓垃圾分类，在农村生活垃圾分类工作普遍缺乏宣传教育服务的背景下，发挥基层党员干部在生活垃圾分类宣传教育作用中的重要性作用。在具体实践中，村"两委"和地方政府可以通过开展党员活动日、党员服务日等活动，传播垃圾分类知识，以多种方式提升村民参与的积极性。

第三，在收运体系建设方面，要建立完善的生活垃圾分类投放、收集、运输和处理体系。这4个环节环环相扣，任何一个环节出现问题，都不能达到农村生活垃圾有效分类治理的目的。尤其是要做好农村生活垃圾的后端处理工作，后端决定前端，如果没有完善的分类运输和分类处理体系，前端的分类投放和分类收集工作就是白费力气。当然，前端也是后端成功的基础，没有分类投放和分类收集，后端的分类运输和分类处理工作也就无从谈起。

第四，在支撑体系建设方面，一是要进一步做好政府资金配套与人力支持。尤其是对于生态涵养区或欠发达地区，由于地方财政困难，在推进农村生活垃圾分类治理工作方面需要进一步加强上级政府的资金配套和人力支持，以促使农村生活垃圾分类工作有序开展。二是要大力培养壮大环卫市场。由于农村生活垃圾分类治理工作，涉及人员管理、技术投入等一系列专业服务，单靠政府部门往往不能提供最有效的服务，此时就需要专业环保市场力量的介入。目前，中国在生活垃圾分类治理方面的市场空间很大，应该大力鼓励更多环卫领域的创新创业，培育壮大具有市场竞争力的环卫企业主体，为中国居民带来更为专业的生活垃圾分类治理服务，弥补政府供给模式的不足。

5.2 "厕所革命"

厕所虽小，关乎民生。农村"厕所革命"作为有效治理农村人居环境、实施乡村振兴战略的一项基础惠民工程，近年来一直是习近平总书记和中央政策高度关注的问题，也是我国在"十四五"时期持续推进的一项重要工作。

从实践来看，我国农村"厕所革命"已经取得显著成效。2018 年以来，我国累计改造农村户厕 4 000 多万户，截至 2021 年底，我国农村卫生厕所普及率超过 70%，农村"厕所革命"在经济、社会、环境、健康等方面均产生了一定的效益（时义磊等，2021；张鹏飞和高静花，2021；董杰，2021）。但客观而言，仍然存在区域发展不平衡（李嘉雯等，2021）、管理机制不完善（赵文斌等，2021）、技术水平存在局限（范彬等，2019）、粪污处理不当（刘俊新，2017）、农户改厕意识淡薄（张红培等，2018）等问题，在一定程度上制约着农村改厕的成效。在"十四五"后半期我国农村厕所改造需要更加符合农民实际需求，充分借鉴国内外好的做法和先进经验，本着"数量服从质量、进度服从实效"的基本原则，扎扎实实持续推进农村"厕所革命"。

5.2.1　国外"厕所革命"经验借鉴

发达国家在乡村发展过程中致力于城乡一体化发展，破除城乡二元结构，缩小城乡差距，城乡均衡体现在农村空间布局、基础设施和生活水准与城市相比并无较大差别（徐洪，2012）。通过文献回顾发现，日本和德国城镇化率均高达 90%，两国从具体实践出发积累了大量改厕经验教训，"厕所革命"工作实施效果城乡差异较小。日本以其高水平的建设、运营、维护、服务质量、人性关怀，在全世界范围内广受好评，尤其是为厕所文化传播所做的努力得到了许多国家的效仿。德国作为高度发达的工业化国家，其做法是将社会资本引入到厕所改造实践中，将 PPP 模式成功应用到厕所改造工作中。除日本和德国等发达国家外，一些发展中国家也正在致力于进行"厕所革命"工作，例如印度虽然环境问题突出，但政府在"厕所革命"的实践中发挥了极其重要的作用，尤其在转变人们的思想观念和意识水平方面做出了大量的努力。三个国家的改厕侧重点各不相同，值得学习和借鉴。

1. 日本"厕所革命"具体做法

20 世纪 70 年代以前，蹲式马桶在日本居民家中的普及率并不高，人们大多依然使用简易的粪桶来解决上厕所问题，公共厕所也因为昏暗、恶臭、脏乱等问题受到诟病。20 世纪 70 年代以后，随着日本经济的持续高速增长，人民生活水平不断提高，对住宿环境、生活条件、基础设施等有了更高的要求，日本通过出台相关政策、成立相关组织协会等方式，改善公共卫生环境，尤其是厕所问题。可以说，日本几乎是世界上最早关注厕所问题的国家之一，被公认是拥有世界上最干净厕所的国家（徐淑延，2017），日本在厕所的建设水平、布局规划、运营情况、整洁程度、服务质量等方面都达到了较高的水平（彭晓波，2021）。具体经验做法如下：

（1）立法先行。

立法先行是日本推进乡村振兴的典型特点，一系列法律法规的出台使得农村"厕所革命"有法可依。1887年，日本首次制定了《传染病预防法》，以遏制细菌随生活污水、粪尿等传播带来的传染病问题，并规范了家庭粪污的处理。1921年，为提高农村居民生活质量，日本政府出台了《水槽便所取缔规则》，明确使用净化槽来进行农村地区的粪污处理（贾小梅等，2019）。20世纪中期，伴随着战后经济重建和区域发展，给一些大城市带来了空气和水等环境污染问题（舟桥晴俊，2015），日本政府从环境污染及带来的社会公害事件中吸取教训，开始为厕所改造工作制定相关法律法规，先后出台《清扫法》、《建筑基准法》、《净化槽法》、《净化槽法》（修订）及《净化槽法施行令》（修订）等立法（郭艳菲等，2017），明确规定房屋内部厕所结构及使用的材料质量，规范设置小规模及家庭粪便处理净化槽，有效缓解了厕所改造过程中的粪污处理问题。

（2）赋予文化内涵。

为了提升厕改效果，日本赋予了厕所文化内涵。1985年，非营利组织"日本厕所协会"正式宣告成立，该协会主要宗旨是通过社会团体与公众之间的交流互动，收集个人意见，连接起政府与人民之间沟通的桥梁，完善日本的厕所卫生环境。协会提出"创造厕所文化"的口号，宣传厕所健康与安全，发扬如厕文明和礼仪，推广干净卫生的厕所环境。为了鼓励厕所改造和创新工作，协会每年都会举行专题研讨会，由社会各界进行投票，进行"最佳厕所"的评选，该奖项将颁发给将文化和创新性相结合的厕所企业，以此来鼓励各界重视并提高厕所品质。并把每年的11月10日定为日本的"厕所日"，每年的这一天，日本各地均会举行各种类型的活动，例如讲座科普、有奖竞答等，以此来宣传"厕所文化"。另外，日本政府特别注重厕所文化，各级政府大都设有厕所学会，大学中也设有厕所学专业，不少人还攻读"厕所博士",爱知县常滑市、北九州等地都有大型的"厕所博物馆",通过展览与讲解,增加人们对厕所的认知,进一步思考现代技术与厕所之间的关系。

（3）注重科技创新与人文关怀。

为了提升居民厕所使用感受,日本的厕所改造十分注重科技创新与人文关怀。根据专业数据显示智能马桶在日本家庭的普及率约为 80%,相比于中国 5% 的普及率,说明智能厕所几乎普及到日本的每家每户。

为了应对国民日常生活的迅速变化和越来越高的需求,日本的一些企业把高科技水平充分运用到"厕所"中。例如,智能马桶圈可以根据周围环境冷热自动调节温度,为了便后清洁与烘干,马桶圈还可以喷出热水和吹出暖风,同时水流强度和风力强度也可以进行调节;企业还开发出拟声装置"音姬",在上厕所时会放出音乐,避免如厕尴尬,这一设计获得广大女性好评（徐初照,2015）;一些企业关注民众的健康问题在厕所把手上还安装智能感应器,可以测量出使用者的心率血压。世界知名的厕所洁具制造商东陶公司（TOTO）就是日本众多优秀企业的代表之一,东陶公司生产的包括洗净功能在内的多功能智能坐便器,高科技含量全球领先,并且其产品的智能化程度一直在不断提升,深受各国追捧（范维昌,2018）。

日本的公共厕所服务在世界范围内也非常著名。日本各地的公共厕所卫生设施完备,环境干净整洁,室内没有异味,厕所内部配有洗手池、烘干机、挂钩、洗手液、厕纸等厕所用品。公厕内部还设置专门的母婴专用间,里面配备了婴儿椅、婴儿车停靠区域、婴儿专用厕所等。为了防止意外发生,一些公厕还在厕所墙壁上安装紧急呼救按钮,用于意外时进行求救。日本在公厕数量及地点设置方面也非常人性化,在东京都 23 区 622.99 平方千米范围内就有公厕 6 900 多座,每平方公里超 11 座（钱程,2015）,公厕设置确保足量,防止人们无厕可上,极大地提高了便捷程度。

（4）倡导环境效益。

厕所改造也是环境保护的措施之一,日本的厕所改造工作十分注重和倡导环境效益。当前,日本使用较广的智能马桶不仅可以智能清洁,而且还节约能耗,这种坐式马桶在储水箱上安装一个水龙头用于便后洗手,洗手使用过的水会储存在储水箱中用于冲洗马桶,实现了水资源的二次利用。此外,可溶解厕纸在日本已经得到广泛普及,用回收的废纸经过再次加工制造而成，成本较低，在公共厕所免费限量供应，这种厕纸质地轻薄，并且可以溶于水中，使用后可以直接扔马桶里冲掉，不会造成堵塞。如此一来，不仅节约资源还节省了人工清理成本。

2. 德国"厕所革命"具体做法

19世纪以前，最常见的德国厕所就是在花园围起一间小屋，小屋里挖一个便坑。直到19世纪早期，德国才出现了抽水马桶。而到了20世纪90年代，德国已经开始普遍使用直冲式马桶。20世纪50年代开始，德国就开始提出完善农村基础设施条件，其中就包括改善厕所环境。德国通过修订立法、普及卫生知识、合理规划以及引入第三方等方式，将可持续发展理念融入厕所改造过程中，提升人民的环保意识，完善基础设施建设，尤其是德国公共厕所的PPP模式，被认为是将该模式应用在公共事业领域的典范。在德国厕所革命过程中，发达国家的先发优势明显，各地区厕所建设得到较好发展，厕所改造水平有了显著提高。具体经验做法如下：

（1）立法保障。

随着工业化的不断推进，德国经济持续高速增长，劳动力纷纷涌入城市，人口迅速向城市集中，导致乡村出现"空心化"现象，人才的缺失导致德国农村发展滞后，村庄布局得不到合理规划，虽然技术的发展带动了工业化进程，但与此同时也产生了空气污染、水污染等一系列的环境问题，尤其是农村地区的生态环境也遭受到了不同程度的破坏。1936年，德国政府颁布的《帝国土地改革法》规定了完善农村的给排水设施（宗泓，2014），1954年，德国在《土地整理法》中提出"村庄更新"这一概念，这项工作计划将重点进行乡村建设，并且着力完善农村公共基础设施，1976年，在近二十年的经验基础上，德国政府正式将"村庄更新"写进修订后的《土地整理法》中，进一步明确规定要完善整顿乡村社会环境和基础设施。一系列的村庄管理法规在德国农村厕所改造与建设过程中发挥了重要的指向和监督作用。

（2）注重宣传。

德国作为老牌发达国家，人民受教育程度和环境素养也较高，在政府立法的保障作用下，德国人民参与基础设施完善的积极性更高。另一方面，德国政府也经常进行宣传教育传递环保意识，普及可持续发展理念。2005年

10 月 31 日，德国厕所组织（GTO）成立，该组织的主要任务是向民众普及卫生知识，尤其是厕所与健康的相关性；消除与厕所相关的忌讳；大力支持环保事业，支持学校等场所建设安全卫生的厕所等。此外，德国厕所组织还会举办一系列的评选活动，例如通过发起比赛，收集有效的改善厕所的方案，根据方案的先进性和创新性进行排名，并给予相应奖励。这些宣传工作改善了人们对于厕所的看法，使德国公共卫生事业水平不断提升，在厕所改造与建设方面产生了较大效果。

（3）科学规划。

除了私人厕所外，德国的公共厕所模式在世界也处于领先地位。秉承了德国人严谨的做事态度，在厕所选址、设计、建造、使用等方面也具有较高的标准和要求。

关于公厕选址，一方面德国政府进行了相关的法律规定，政府要求，在城市繁华地段每隔 500 米应当建立一座公厕；一般道路每隔 1 000 米应当建立一座公厕（胡晓伟，2020）；其他非城市地区每平方公里要有 2 ~ 3 座公厕；应当保证一座城市拥有公厕率为每 500 ~ 1 000 人/座，并且政府还对公厕的面积也做出相应规定。另一方面公厕选址也坚持以人为本，充分尊重民意，由专业的调查公司通过各种媒体平台宣传公厕建造的规定，再就公厕数量、地址、质量、设施等问题在群众中进行调研，将群众的意见收集、整理汇总后上报当地政府，经由投票选出最终的公厕建造方案（胡晓伟，2020）。通过公厕建造的政府"硬指标"与民众"软指标"相结合，使公厕布局规划更加科学与合理，德国的公厕建设水平实现了大幅提高。

（4）市场化经营。

德国的公共事业具有市场化经营的特点，德国允许企业、组织或个人等社会资本通过公开竞拍的方式获取公共交通、城市基础设施等的经营权，同样对于公厕的建设与经营政府也允许使用市场化的方式，相应地，政府也会为公厕经营者提供政策支持。这种模式一方面调动了社会资本的积极性，带动了各项技术的创新，提升了公厕科技水平，促进了公厕建设发展（祖敏，2020）；另一方面减少了政府的财政支出，还能带来一定的财政收入，有利于提高地方发展水平（Lomborg B. ，2016）。

德国瓦尔公司是德国及西欧大部分国家公共厕所的运营管理方，承担了公厕的经营管理权，公司向政府无偿提供公厕的建设、清洁、维护、改造等工作，以获得公厕内外的广告经营权，虽然为政府提供的服务是免费的，但瓦尔公司将厕所内外墙体、摆设、手纸上都印上广告以此获取收益，还美化了厕所外观。除广告外，瓦尔公司还可以通过厕所内部的公共电话向通信运营商收取一定提成，获得相应收入。瓦尔公司不仅将这些收益用于支持厕所建设以及后期维护，还用于提升公司的厕所产品设计、建造工艺和科技创新，从而提高了公厕的服务质量。

3. 印度"厕所革命"具体做法

印度作为重要的发展中国家之一、世界人口大国，虽然城市化经历着爆发式增长，但城市中仍然存在大量贫民窟，尤其是环境问题突出，经常呈现给外界"脏乱差"的形象。英国"水援助组织"在 2015 年发布的一份报告中显示，印度仍然有 7 亿多人口缺乏私人卫生设施，民众中露天排便习惯存在已久，露天排便传播病原体会造成腹泻问题，再加上密集的人口和缺乏良好卫生习惯，印度每年都有大量的妇女和儿童因此死亡。印度政府也意识到该问题的严重性，分别在 2010 年进行"普及厕所运动"，2014 年进一步开展"清洁印度"计划，进行"厕所革命"，通过宣传引导改变群众的思想观念、完善奖惩机制以及投入资金补贴等方式，帮助群众改善厕所环境。其具体做法如下：

（1）政府推动。

早在 1999 年，印度政府就开始实施农村的厕所改造工程，改变人们露天大小便的习惯，但成效甚微。2010 年，印度中央政府加大投资力度，投入 63 亿卢比帮助农民修建厕所，力求要让"家家有厕所"，中央政府提供了修建厕所 60% 的费用，地方政府提供 20%，剩余的由村民家庭自己承担。2014 年，总理莫迪上台后，于同年 9 月末公布了"清洁印度"运动计划，以解决印度人的如厕问题。在这一运动中，政府计划投资 200 亿美元用于厕所改造，每个家庭修建一个标准厕所，政府将补贴 12 000 卢比，其中中央政府补贴 7 200 卢比，剩下的由地方政府补贴。

（2）意识转变。

印度社会等级较为分明，贫富差距较大。穷人和富人在收入水平、住房、医疗、受教育水平等方面存在巨大的差距，因此社会底层人民的文化水平和社会素养较低，他们没有足够的资金来修建厕所，哪怕政府给予补贴也难以承担补贴之外的费用；并且人们的环境素养较低，并未意识到干净整洁的厕所环境对家庭成员的身体健康至关重要。再者，印度宗教文化种类繁多且根深蒂固，而一些宗教文化认为，粪便是污秽之物，在家中修建厕所则是污秽和落后的行为。种姓制度也给印度厕所革命带来阻碍，高种姓的人认为打扫厕所和清理粪便应该由低种姓的人去做，而低种姓的人不愿意主动从事此项工作（刘岩川，2016），因此印度厕所清洁从业者较为缺乏。为了转变印度人民的思想观念，印度政府开展教育普及卫生观念，宣传引导人民使用卫生厕所，禁止随地大小便，一些民间组织还在城市贫民窟中宣传卫生知识，分发清洁工具。

（3）奖惩监督。

政府也意识到在厕所革命中存在的问题，除了加大投资外，各地政府也采取了一些奖惩措施，一方面鼓励群众使用厕所，另一方面对露天排便等不文明行为进行惩罚。在奖励方面，一些城市为了鼓励民众使用公厕，推出金钱奖励措施，每上一次公厕即可得到相应的奖励；一些政府推出"洁净村庄奖"，对于厕所修得好、污水处理得好的村委会、街区以及行政区进行奖励。在惩罚方面，印度农村地区由政府官员和志愿者组建"早安小分队"，利用日常巡逻宣传卫生观念，并对户外排便的人进行羞辱和罚款；在孟买，政府派出专用水车冲散当街大小便的群众，以此抵制人们当街便溺的行为。

（4）科技创新。

2019 年，盖茨基金会为莫迪颁发"全球目标守卫者奖"，以表彰其推广的"清洁印度"运动在修建厕所、改善卫生方面所作出的贡献。盖茨基金会认为这一运动非常值得赞扬，并决定向印度政府和私人公司提供援助和捐款，用于投资支持印度的厕所建设和研发工作。例如，盖茨基金会投资 45 万美元用于研发"电子厕所"，这种厕所内部配备许多电子设备可以自动清洁，厕所上方安装太阳能电池板，可以节约能源。根据使用人群，将"电子厕所"分为公众使用、学校使用、社区使用和个人使用，不同的目标人群配备不同的厕所功能，还有提供女性卫生用品并自带焚化炉的女性专用厕所，设计凸显了人文关怀。

5.2.2 国内"厕所革命"经验借鉴

1. 山东省胶州市厕所革命的具体做法

21世纪之前，传统的"土茅房"在山东农村随处可见，传统旱厕厕所一般较难清理，或连着猪圈，粪污堆积带来极大的卫生隐患。进入21世纪，山东省逐步有序推进卫生工作，尤其是从2015年之后，胶州市高度重视卫生厕所改造工作，在一年内完成全市12.2万户改厕工作，实现了卫生厕所全覆盖①。具体经验做法如下：

（1）科学选定改厕模式。

2015年底，胶州市政府主要部门负责人及相关技术人员先后赴浙江省杭州市富阳区和河北省正定县考察农村无害化卫生厕所改造的先进经验，在污水治理、粪污处理、厕所使用维护等方面进行经验学习。同时，认真做好本地农村厕所的调查摸排工作，确定需要实施厕所改造的村庄及具体户数。考虑村庄的位置分布、住房密度、发展特点以及地理特征等因素，结合当地的污水处理体系，确定了"粪污直排、集中处理""单户改厕、集中处理"以及"单户改厕、专业抽取"三种主要的改厕模式。

（2）强化保障措施。

为了做好农村厕所改造工作，胶州市建立了一套完备的执行监督机制。在工作推进方面，成立农村改厕领导小组办公室，加强组织领导，建立每月汇总调度、每季向上通报的督查机制，各部门根据职能进行分工各司其职，明确工作责任，年底进行绩效考核。在资金保障方面，建设资金由各级政府分摊，明确各自的建设责任；改厕资金采用分期分批拨付的方式，以保障改厕工作及时开展、提高改厕效率；实行阶梯式奖补办法，坚持"完工一个、验收一个、奖补一个"，项目进展较快的多补，进展落后的少补，确保按时有序推进改厕工作。在质量监管方面，严格实施"统一组织领导、统一考核验收"的原则，改厕全程实行质量监管，确保厕所建造质量达标。厕所

---

① 山东胶州市一年完成12万旱厕改造 [EB/OL]. 经济日报，2018 – 01 – 21，http：//www. gov. cn/xinwen/2018 – 01/21/content_5258920. htm.

改造完成后，政府委托第三方机构进行改厕工作验收，核查厕所数量、质量、群众满意度等，并留存备案。

（3）推动技术创新。

胶州市与西安交通大学青岛研究院进行合作，根据不同的改厕模式，设计不同的容器，并且利用新型复合材料对化粪池进行设计与改造，适用范围更加广泛。胶州市创新性地引入胶东厕污智能管理系统，通过该系统可以实现网络厕所报抽申请一键式受理。通过该系统，居民可以自主申请粪污抽取，而厕所管理人员也可及时收取到抽厕申请并进行作业。不仅如此，街道办事处还可通过该系统掌握区域内抽厕作业受理情况，全程查看抽厕过程并进行评价，起到监督服务的作用，以此督促物业公司提高服务质量。

（4）建立后续管控机制。

胶州市政府投入大量的资金用于改厕后续的长效管理，完善粪便无害化集中处理设施，配备充足的抽粪车等清洁工具。市级财政、县级财政和农户三方共同承担厕所维护所需成本。市政府还建立了具体的奖惩制度，对各村关于改厕后续维护工作情况进行考核。政府也通过市场化服务，建立专业的运营团队，让专业的人干专业的事。这套机制的制定，确保厕具坏了有人修、化粪池满了有人抽、维护工作有人管，进一步巩固了农村改厕质量。

2. 广东省珠海市厕所革命经验总结

为了统筹推进新型城镇化战略和乡村振兴战略，广东省珠海市斗门区扎实推进农村"厕所革命"工作，2013 年起全区开始进行厕所升级改造工作，按照"有序推进、整体提升、建管并重、长效运行"的思路，着力进行农村"厕所革命"工作。截至 2019 年 6 月，全区露天旱厕清除，完成无害化卫生厕所改造 47 013 户，完成率达 93%（雷刘功等，2019）。截至 2021 年底，全区 127 座农村公厕已全部完工（斗门区农业农村局，2021）。由于改厕工作的有序有效推进，2019 年珠海市斗门区被评为全国"厕所革命"典范案例，其优秀经验值得其他地区进行借鉴与学习。具体经验做法如下：

（1）明确各方工作责任。

高效的行政执行机制有力推动了厕改工作的进展。珠海市斗门区成立农村改厕工作领导小组，由相关部门领导担任改厕小组负责人，进行厕所改造工作的全面统筹。其他各单位配合领导小组工作，各司其职，担起各自责任，整合各部门资源，协调推进斗门区厕所改造工作有序推进。领导小组全面摸排全区厕所情况，建立厕所改造问题台账，做到"有问题要解决，还需解决好"，问题解决情况需进行及时上报并考核。

（2）注重奖补资金投入。

在改厕过程中，珠海市注重项目资金的发放与监督。2018年，珠海市政府为提高农民改造厕所的积极主动性，由政府全部出资，对通过改厕质量验收的农民进行现金奖励。其中，改厕质量不仅仅包括厕所环境明亮、无异味等，还要求进行粪便无害化处理，一系列要求均能达到相关标准才能领取奖励。一系列标准的制定保障了厕所改造的质量。

（3）打造公厕特色。

除了户厕改造外，公厕改造也独具特色。斗门区政府结合当地风貌，对区域内公厕外观进行美化设计，将公共厕所与当地传统文化相融合，例如接霞庄的宋式文化风格，莲江村的岭南广府文化风格等。斗门区政府还致力于旅游地区公共厕所的改造与建设，打造独特公厕特色，提升乡村旅游服务能力。

（4）提升服务水平。

珠海市十分注重提升公共厕所的服务水平和使用感受。斗门区将景区周边的公共厕所进行升级改造，配备完备的基础设施，免费提供无线网、充电设备、天气播报、刷脸取纸等便民服务，厕纸、洗手液、干手器普及率达100%。一些公共厕所还专门设立残疾人和老年人辅助设施，体现了以人为本的理念，尽显人文关怀。设施完备、各具特色的公厕，不仅体现了斗门区的特色，还激活了乡村发展的潜能。

5.2.3 厕所改造经验启示

第一，加强法制建设。

首先，强化政策支持。不论是日本的《清扫法》和《净化槽法》，还是德国的《土地整理法》，相关法律规章的出台在"厕所革命"进程中发挥了重要的指向和监督作用，加强相关立法是促进改厕工作的有效动力，是提升厕所管理水平的有效保障。

其次，落实各方责任。"厕所革命"是一个系统工程，工作内容覆盖面较广，责任主体涉及城建、卫生、环保、财政等多个部门，因此推进"厕所革命"需要加强各部门在组织、业务方面的沟通、协调与合作，陆续做好"厕所革命"的建设、监督、经营、维护、考核工作。

再次，完善行业标准。厕所改造应该制定和完善统一标准，包括厕所改造、厕具产品、粪污处理等建设质量标准和维护管理标准，进行全程监管和统一考核验收。还需要建立相关的标准体系，尤其是制定适合用于不同区域的农村改厕及粪污资源化利用技术规范，从厕所改造、厕具标准、粪污无害化处理、设备标准化等方面加快相关标准的研究制定。

最后，落实奖惩办法。促进"厕所革命"进程光靠宣传引导是不够的，一定的激励办法和责任追究制度也是调动改厕积极性的有效措施。对于改厕实践中积极参与、表现较好的个人或团体进行奖励，加大对不文明行为的惩罚力度，引导居民逐渐形成自我约束的良好环境意识。

第二，因地制宜规划。

由于各地区经济发展水平、文化习俗、区域特征不一样，厕所改造模式也存在差别，若一味使用同一种模式应对各区域"厕所革命"，将会出现大量问题。各地方政府应仔细摸排本地情况，制定出适合本地的改厕模式。例如发达地区的"厕所革命"经验较为丰富，改厕模式较完善，因此可以充分利用企业在产品研发、运营维护方面的服务，允许社会资本进入改厕市场，利用市场化手段提升厕所质量。对于欠发达地区，可以适当提高补贴标准，降低农民改厕成本；加强宣传引导，强化农民积极性和自觉性；落实厕所清理维护办法，妥善安排厕所后续管理维护。不仅是户厕，对于公厕建设，也要科学规划，针对公厕数量供给不足的问题，政府要优化公厕布局，创新公厕营建模式，提高公厕密度，满足人们如厕需求。

第三，注重宣传教育。

各国"厕所革命"都将培养环保意识、宣传健康卫生知识以及传播厕所文化放在重要位置，致力于从思想观念上转变人们对厕所的看法，培养文明如厕意识，提高人们的改厕积极性。亲环境意识是影响人们形成亲环境意愿并产生亲环境行为的重要因素，推动"厕所革命"首先要进行观念转变与革新。除政府积极推进外，还可以成立相关社会团体，利用广播、电视、报纸、互联网等社交媒体平台、科普讲座等简单易懂的方式向农民宣传改厕政策、步骤、好处和卫生知识，让其了解"厕所革命"行动的重要性，改变传统卫生观念，提高改厕积极性与自觉性。

第四，多元主体参与。

在一些成功的实践经验中，政府、社会组织、企业、个人都参与到"厕所革命"运动中。政府主要负责宏观调控和监管，充分发挥主导作用；社会组织主要负责卫生知识、健康理念的宣传科普，规范如厕行为；企业的加入一方面带动了技术创新和智能化发展，提升了科技水平，另一方面也减少了财政支出，减轻了政府财政压力；"厕所革命"的发展离不开人们的广泛参与，人民才是乡村振兴的主体，是推进"厕所革命"的主力军，要充分尊重人民的主体地位，只有了解人民需求，尊重人民意愿，才能充分调动其改厕积极性，避免出现改厕"一刀切"、不愿用、不能用、成本高等问题。

第五，强调以人为本。

先进的厕所设施多从细节上体现出人文关怀，尤其是在公厕的规划使用中，如厕所卫生环境干净整洁，设施完备，配备可循环厕纸、洗手液、烘干器等厕所用品；注重老人、儿童、妇女、残障人士的使用感受，增设专用卫生间和老年人辅助设施等。日本和德国在公厕数量及选址方面也极具人性化，根据区域繁荣程度和人流密集程度来确定公厕的建造密度，提高了使用公厕的便捷程度。

目前来说，我国一些公厕和旅游景区厕所仍然存在"脏、乱、差、少"等情况，厕纸满地、无法冲洗、不及时清理、排满长队等问题比比皆是，不仅影响人们的厕所使用感受，还会影响地区环境面貌。为解决公厕数量不足、设施不完备、管理缺位等问题，需要从人民角度出发，充分了解人民意愿和需求，以人为本、尊重民意，才会有效提升公厕质量。

第六，支持技术创新。

技术的研发可以推动行业的进步，技术创新是提高厕所质量的关键之一。首先，我国应该以"厕所革命"为核心，组织高校、科研院所、企业等参与"厕所革命"技术、工艺的研发，建立"产学研推"结合的机制，开展适宜我国不同地区特点的改厕技术模式研发，推广一批先进适用的改厕技术模式和产品。其次，加大对厕所设计、运营等复合型人才的培养，提高其业务能力和素养，鼓励人才进入相关行业并给予政策支持，实现科技成果的转化。最后，加大对绿色处理技术研发和应用的投入，加强粪污无害化处理技术的探索，以实现粪便的无害化处理和资源化利用。

5.3　生活污水治理

农村生活污水处理是农村基础设施建设中的一个关键环节，随着农民生活水平的提高，生活污水的处置也日益受到重视。因此，对国内外农村生活污水治理实践的分析，对提高我国农村生活污水的治理能力有一定的借鉴意义。

5.3.1　国外生活污水治理经验借鉴

1. 美国生活污水治理具体做法

（1）立法先行。

作为世界上首个联邦制国家，分层立法是美国的主要特点，美国立法主要分为三个层面，联邦政府负责全国法律的制定、通过和执行，州政府负责制定区域的规章制度和管理污水治理项目，镇、市、村级政府负责规划和实施具体的污水治理规定与办法。为使得污水治理工作有法可依，美国各层级政府都专门制定了相关法律规章制度。在联邦政府层面，美国国会通过了《清洁水法案》《安全饮用水法案》《水质量法案》，规定水质标准和排放标准，并要求联邦政府为污水治理提供财政支持，为农村污水治理提供了法律保障（高晋阳，2020）。并且美国环保局还于 2002 年后制定颁布了一系列关于分散污水治理的规范文件，例如《分散处理系统手册》和《分散处理系统管理指南》，为农村污水治理提供了技术准则。州政府和镇村级政府根据当地实际情况制定规章制度并执行管理。

（2）治理模式多样化。

美国国家环保局于 1997 年应国会要求，对国内分散式废水处理系统作了详尽的调查，并对没有合理使用分散式处理系统的 5 个原因作了较全面的剖析：对分散式污水处理体系的了解不足；缺乏必要的管理、维护、保养；不合理工程建设费用及责任额；法律制定与执行方面的限制；财政限制。但同时，美国环保署也清楚地表示合理管理的分散式处置体系是一种长期而又经济的且能保护公共卫生与水质的方法。

针对这一问题，2003 年，美国政府颁布了《分散处理系统管理指南》，提出了 5 种治理模式：一是业主自主模式，该模式适用于污水分散环境敏感度较低的地区，主要由个人负责自家污水系统的维护和保养，同时相关部门会通过定期宣讲注意事项来为业主提供帮助；二是协议维护模式，该模式适用于低渗透性土壤等低度到中度环境敏感地区，主要由技术工人通过签订合约的方式为业主提供维护和保养服务；三是许可运行模式，该模式适用于水源保护区等中度环境敏感地区，政府通过签发污水治理操作许可来允许业主进行维护，许可证具有一定时效；四是集中运行模式，该模式适用于特殊价值水资源保护区等高度环境敏感地区，将该地区的污水处理操作权通过签发许可证的方式交给专业的管理团体，以确保污水处理系统能够得到有效及时的维护保养；五是机构所有权模式，该模式适用于极高环境敏感度地区，管理机构拥有、操作、维护并保养系统。可见，以上 5 种管理方式的管理水平随着系统的复杂和对环境的敏感程度的提高而提高（陈常非，2020）。

（3）保证充足资金投入。

美国联邦与州两级政府都是通过低利率贷款的方式来支持农村污水处理的基础设施建设，而不是基于资金补贴的方式来帮助。美国政府联合成立的水污染防治基金和美国农业部门的废水处理计划，都为农村的污水处理提供了低利息的贷款，以前者为例，美国在各州都设立了一个相对独立的循环周转资金，由联邦政府出资 80%，州政府出资 20%（陈常非，2020），与此同时，农村社区可以从流动资金中获得长期贷款进行基础设施的建设，利率在 0.2%~0.3% 之间（远远低于市场利率 5%），而一旦有了足够的建设资金后，当地政府就必须利用地方财政资金和污水处理费来每年偿还这笔借款。通过低利率贷款，不仅可以确保当地政府获得足够的资金用于污水处理设施的建设，而且可以维持这一基金长期的积累和高效运行。

（4）引导用户提高自觉性。

美国的乡村污水治理很重视使用者的自觉性，业主需承担自家污水处理的管理义务，比如美国克兰伯里莱克村，使用者在获得政府补贴后，就必须自己建造符合要求的生活污水处理设施，并支付 15 美金，购买 3 年的废水处理许可证，并将其处理到满足排放标准。如果使用者违反了处置条例（例如未经处理、未安装处置设备、未及时维修），将被处以每日 1 000 美元的罚金，或以 90 天的社区工作为代价。在部分低收入区域，通过税收减免和补贴等措施，可以减少用户在污水处理设施的建设和维护上的资金压力。比如，马萨诸塞州为农村居民提供了 3 年 4 500 美元的减税，以支付分散式污水系统的维护。然而，这项补贴只能使废水处理费用降低到消费者可以承受的水平，而不能完全承担所有的废水处理费用。

2. 日本生活污水治理具体做法

（1）立法先行。

日本的污水治理注重立法保障，在污水治理领域，已经形成了两种不同的适用于城镇和乡村的法律制度。

日本于 20 世纪 50 年代颁布了《清扫法》《下水道法》，旨在解决城市污水问题，提高城市环境质量（陈常非，2020）；60 年代日本开始重视提高农村现代化水平，为了规范净化槽的市场，日本颁布《建筑基准法》，规定了其结构、处理能力、型号等。城市的污水治理主要由国土交通省管辖，属于公益范畴。20 世纪 80 年代，在现有法律体系规范能力不足的情况下，日本的《净化槽法》《废弃物处理法》出台并明确规定了净化槽的标准、制造、安装、维护，以及违反该法的各条款的处罚、经济处罚限额（高晋阳，2020）。2001 年新修改的《净化槽法》将设置净化槽作为一项义务，要求市民必须在不能被纳入到中央污水处理系统中的建筑内安装和使用净化槽。农村的污水治理由总务省和各农林水产省管辖，基层自治主体和村民也需要参与到治理过程中来。另外，日本政府还制订了一系列规范，如《净化槽法施行规则》《净化槽构造标准及解说》《农业村落排水设施设计指针》。这些法规也是日本农村生活污水治理法规体系的重要组成部分。

（2）多主体治理。

日本的农村污水治理主要是由政府、第三方机构（各种公司、非政府组织）和个人公共参与。在建设中，由县级主管部门根据使用者向当地政府的申请，对设备的设立、变更、撤销行使审批权，并由指定的机构监督建设和使用。第三方行业机构有设备制造、建筑安装、运行维护、泥浆清理等，各行业组织都需要具备相应的资格，并经过培训、考核，获得相应的职业资格。由此，形成了从污水设施生产建设到运营维护全过程的行业机构负责制，且使用者需要付费购买服务。日本目前实行的乡村生活污水治理主要是三种形式：一是政府投资、设计、施工，建设完成后委托专业机构运营；二是政府提供资金，委托民间公司设计、建造和运营；三是私人企业投资、建设和运营，以固定的时间周期对使用者进行回收性投资，政府对使用者进行财政补助。日本还设立了专门的农业污水处理产业协会和技术培训机构，一方面发展和推广农村废水治理技术，另一方面也为农村废水处理企业培养专门的技术和管理人才。

（3）给予资金补助。

日本不仅通过制定法律法规对污水治理进行规范，还会给予一定的资金补贴以此促进净化槽在农村地区的普及与推广。于1987年起，日本开始在净化槽的安装、更换、维护方面提供一定的补贴，部分地区在检修、污水处理等方面也进行补贴，地方政府来确定补助的方法和数额。净化槽补贴制度成为普及净化槽技术和改善农村人居环境的重要诱致性因素，与法律手段相配合共同为日本农村污水的有效治理提供了法律制度保障。

日本政府针对不同的污水处理模式有不同的补助方式。农村污水处理设施和公共污水管网系统是由农林水产省和总务省管理，其建设费用是各级自治体提供的，政府会提供一定的资金，只对使用者征收基本水价和阶梯水价以回收运行费用和部分建造责任。

5.3.2 国内生活污水治理经验借鉴

1. 江苏省常熟市生活污水治理具体做法

江苏省常熟市在政府统一规划下由第三方专业公司负责污水治理基础设施的建设、运营维护与改造，常熟市将第三方引入治理项目，在全国率先实施了农村分散式污水治理PPP项目，取得了良好的社会效益。常熟市政府还提出了"统一管理，统一规划，统一建设，统一运行"的污水处理模式，致力于提高污水治理质量和效率。2021年，常熟市农村生活污水治理率已达到93%（江苏省财政厅，2022）。具体经验做法如下：

（1）引入社会资本。

2015年起，常熟市政府通过购买服务的形式，将农村生活污水治理工作全权委托给专业的第三方公司，企业负责污水管网的设计、建设、运营、维护与改造。在委托过程中，政府既是管理者和宏观调控的把控者，也是服务的购买者，第三方企业承担起经营者和服务供给者的角色。通过委托代理实现了农村生活污水治理权的有效分割，各方领取相应职责，既能够取得一定的效益，也有利于治理项目的有序推进。截至 2020 年，农村生活污水治理已经覆盖常熟市 5 088 个自然村，覆盖率高达 99.5%，受益农户 194 万人，常熟市的农村污水治理 PPP 项目已经成为县域农村生活污水统筹治理的特色模式（陈常非，2020）。

（2）加强监督管理。

常熟市政府委托中国科学院生态环境研究中心作为第三方监督机构，负责指导和监管当地的农村生活污水治理技术，并在此基础上开发智能化远程监控系统，将污水管网集中监控，通过线上平台对农村生活污水进行科学化智能管理，实时监控水流量、日常情况、设施运行情况等数据，提高数据监测效率，进而提高污水治理效率。同时，常熟市政府还制定了一系列较为完善的污水治理监督考核机制和监管办法，将考核的结果与经济效益联系起来，充分调动治理主体的积极性与自觉性，确保基础设施能够得到及时的保养与维护，确保污水治理工作平稳有效。

2. 浙江省安吉县生活污水治理具体做法

安吉县作为率先开展农村生活污水治理工作的地区之一，2003 年在我国首个国家级生态村高家堂村采用氧化塘技术进行农村生活污水处理。到 2020 年，全县共有农村生活污水处理设施 3 000 余处，村庄覆盖率达100%，① 实现农村生活污水的全面治理。具体经验做法如下：

（1）科学规划。

一是科学制定治理任务。2014 年，安吉县政府制定了《安吉县农村生活污水治理总体规划》以及三年行动方案，确定治理任务、建设标准、运营模式和管理要求，全面推进生活污水治理工作。二是因地制宜进行治理。安吉县在规划设计时，把村庄布局、地质地貌特点、城乡发展规划、排污总量与污水治理方案有机结合起来，科学规划，统筹推进。如城市周边地区，

---

① 安吉建成农村生活污水治理终端设施逾 3 000 座［EB/OL］. 中国经济网，2021 - 04 - 16，http：//www. ce. cn/cysc/stwm/gd/202104/16/t20210416_36479432. shtml.

将污水引入城市下水道，流入城市污水处理厂；分布密集、人口多的村庄进行村集中处理，村庄分布较分散的村庄，采用户型人工湿地、净化槽等适宜的处理方式。

（2）注重监管。

一是注重污水治理基础设施，健全县、乡镇、村各级监管体系，政府配备充足的专业监督管理人员，负责施工现场的技术指导和质量监督，督促施工单位保证施工的质量和效率，加强施工管理，并及时解决出现的各种问题。二是注重工程运行过程中的监管，邀请专家对污水治理项目建设方案和技术进行跟踪监督，以确保项目达标，保证工程质量。三是注重项目使用后维护与保养的监管，安吉县委托第三方对污水治理设备进行专业化的维护与保养，并制定一套较为规范的考核办法，对企业的工作进程进行考核评价，将考核结果与企业经费的支付挂钩，以确保企业的管护效果。

（3）健全长效运维机制。

一是构建联动推进机制，因为污水治理工作涉及城建、供水、财政等多个部门，安吉县成立了一个专门的领导小组，明确单位职责，各司其职，各单位之间相互协调，共同推进治理工作。二是完善长效运营维护机制，各方主体做好自己的工作，县级政府负责进行宏观调控，乡镇、村委等负责落实污水处理设施的运行管理，农户负责做好自家化粪池等污水收集设施的维护工作，由第三方机构对公共部分的污水处理设备进行维修，保证设备正常运转，构建了县、镇、村、农户、专业服务企业"五位一体"的污水设施运行保障机制。

3. 浙江省杭州市生活污水治理具体做法

杭州在污水处理方面有着较先进的经验，治理重点是城乡统筹发展，把环保基础设施建设延伸到乡村，把环保公共服务扩展到乡村，建设城乡一体化的生态环境保护制度，形成城乡共保的良好局面。其具体经验做法如下：

（1）注重规划先行。

作为生态涵养区，同时也是环境污染的发源地之地，乡村面临着生态保护与环境污染治理的双重使命。杭州市以规划为先导，制定了《杭州生态市建设规划》《杭州新农村建设规划》《杭州市农村环境保护规划》，充分发挥规划的宏观引导功能，目的是把农村生态环境保护工作做得更好，以更好地促进城乡环境的协调发展。杭州是全国率先进行乡村连片整治试点的城市之一，很早就将农村生活污水列入了综合整治工作中的重点项目。杭州市政府先后出台了《关于加强农村环境连片整治示范工程的实施意见》《关于建立健全生态补偿机制的若干意见》等一批政策意见，下级政府根据实际情况制定了相关文件，指导农村生活污水雨污分流、无害化处理和达标排放工作的开展。

（2）推动技术创新。

农村生活污水中有机物含量高，加上氮、磷等水体中的富营养化物质如果不加以处理，会对水体造成污染，破坏地下水质。杭州率先开展了污水处理技术的研究，已发展出无动力厌氧处理、无动力厌氧与人工湿地相结合、微动力废水处理技术等 5 种主要技术。2007 年，持续改进和深化了"厌氧 + 人工湿地"治理模式，并首次采用"氧化塘 + 阿科蔓人工水草"进行生态化治理，该项目的示范应用对缓解我国农村污水氮、磷污染问题具有重大意义。同时，杭州市利用风能、太阳能等微动力技术，开发了一套包括栅格过滤、厌氧发酵、人工曝气和人工湿地的多阶段处理技术，建成一批精品示范工程；组织编写《杭州市农村生活污水净化池通用图集》和农村生活污水处理常用模式宣传册，统一技术规范和标准。

（3）强化机制保障。

杭州高度重视在各个层面上动员各方的力量。上下联动，分工合作，共同努力；重视财政支持以及资金的监督和利用，建立健全运行、管理和维护制度，强化对农民的宣传和教育，不断巩固和改善农村的生态环境。杭州在充分调动和利用各级各类资源的情况下，建立了一个整体的乡村污水治理联动机制。市级主要是各职能部门从村庄环境连片整治和生态城市的建设两个方面着手，共同推动农村污水处理基础设施的建设，提供技术指导、选择和培训，并承担出水水质的技术评价工作。在区、县一级开展污水治理工程，建立招标或技术服务平台，加强对镇街的管理与协调。镇街作为实施主体，承担着项目监管的职责，保证了工程质量。村部负责设备的日常运营和维护，并配备专职的专职管理人员，随时监控设备的使用和维护。

（4）扩大资金渠道。

坚持财政预算安排为主，同时多种渠道筹措，加大财政支持力度。对农村污水处理项目，杭州市级财政"以奖代补"，按项目投资额的 15% ~ 25%

进行奖励，最高限额为 100 000 元，县级财政则按 1∶1 的比例进行配套。杭州积极鼓励企业、村级组织等进行投资，拓宽融资渠道，建立了一个多层次的资金保障制度。在资金运用方面，各地要根据具体情况制定资金管理办法，制定工作汇报制度，规范资金管理，从资金来源、核算、拨付等方面，加强对预算的追踪、资金运用情况的监督检查，确保运行安全性以及效益。

（5）坚持建管并举。

制定农村生活污水的运行、维护与管理评价制度，建立健全基层环保组织，配备专业技术人员、装备、资金，并在全国率先启动农村生活污水数字化管理平台、移动导航巡查、快速监测反馈系统，掌握各污水处理设备的运作状况，保证设备运行良好。同时，根据农村居民的不同特征，加强对基层组织和广大村民的环保教育，提高他们的环保意识和文化素质，为推进农村污水的后续治理工作奠定坚实的基础。

5.3.3　生活污水治理经验启示

第一，加强法制建设。

不论是美国国家环境署颁布的《水质量法案》等一系列指导性政策文件，还是日本政府制定的《净化槽法》，相关法律规章的出台在农村生活污水治理过程中发挥了重要的指向和监督作用，农村生活污水治理是一项涉及城建、水利、财政等部门的系统性工程，不可以直接套用城市污水治理的模式，应针对农村地区进行法制建设。加强相关立法是促进污水治理工作的有效动力，也是提升污水治理水平的有效保障。

第二，完善治理体系。

建立健全农村污水治理体系，明确政府不是治理工作的唯一主体，应积极引导市场、企业、社会组织与村民都参与到农村污水治理工作中，明确各主体在治理工作中的责任，建立完善管护协作机制，共同解决农村生活污水治理工作中可能出现的各种问题。

政府作为管理主体和宏观调控者，主要负责制定相关指导性文件，统筹协调各种资源和各方关系，充分发挥政府的领导、管控和监督作用，确保治理工作有序进行。专业的第三方企业是治理服务的供给者，负责进行污水处理设施的建设、安装、维护及更替，利用专业化知识确保污水治理服务达标。社会组织可以通过宣讲和科普等方式对村民进行环保宣传教育，引导农民进行污水治理，培养提升农民的自主参与意识。村民有义务主动减少污水排放量，并且政府可以按户划分污水治理区域，村民也要承担一定的治污责任。各主体各司其职，保质保量开展治理工作。

第三，科学合理规划。

当前，我国的农村生活污水处理技术的基础和经验薄弱，应当积极地吸收国外先进的理念、经验和技术，并根据农村的具体情况，因地制宜地制定出有针对性的水污染控制对策，根据区域自然地理条件、城乡总体规划、污水收集系统的具体情况，采取适合的污水处理方式和管理模式。由于我国幅员辽阔、村庄分布分散、地理条件多样，同时存在资金短缺、污水处理技术落后、缺乏污水处理专业人员等问题，必须根据不同的情况，选择合适的污水处理方法，而分散式污水处理装置布局灵活，施工简便，管理方便，出水水质有保证，是解决农村生活污水分散治理的一种行之有效的方法。同时，要重视对污水处理系统的监测、维护和保养，并结合具体情况，明确职责，保证系统的长期高效运转。

第四，加大资金投入。

农村生活污水治理需要建立有效的资金保障制度，对于经济条件较好的村庄，可以采取政府与农户共同投入资金的方式，例如政府主要投入资金进行主管网和总污水处理设施等公共部分的建设，而农户主要投入资金进行支管网和家庭污水处理设施的建设，以政府补贴和污水处理费用相结合的方式保障治理工作的正常运行。对于经济条件不太好的村庄，可以将农户吸纳进污水治理建设工作中，提供就业的同时促进农民增收，降低污水治理设施的建设成本。

除此之外，还应该扩大污水处理的筹资渠道，例如建立污水治理融资公司，以降息的方式争取金融部门的支持；或通过设立运行基金，确保对污水处理工作的融资；或将城乡污水治理与农村生活污水治理相结合，鼓励社会资金投资于农村生活污水的治理；此外，还可以通过税收优惠、降低利率等方式来保证政策的推行实施，并鼓励、引导各类社会力量和财力参与到农村污水治理中来。

第五，加强监督考核。

要保证农村生活污水的治理成效，离不开完整的监督考核机制。一是强化对治理企业的监督管理。对企业开展常态化的监管工作，检查内容包括企业的设备质量、运营纪录、治理后水体的颜色、气味以及泥沙占比等情况，若没有按照合同规定进行治理、设施管理、维护，或没有达到规定的标准，则要求企业进行限时整改，严重时可以进行罚款甚至取消合约，以此全面掌握农村生活污水治理成效。二是将农村生活污水治理基础设施管护工作纳入政府部门考核制度，通过明确考核内容、评比办法和奖惩措施，确保有关行政部门落实管护工作职责，在考核过程中发现问题要立即整改。三是广泛接受社会公众的监督。坚持信息公开，通过公开管理维护情况以及设置监督电话使污水治理工作公开透明，确保更多的农村居民参与到监督和管理之中，确保村民能够及时了解污水治理效果；接受群众监督，推动农村生活污水治理管理维护工作的有效进行。

5.4　村容村貌整治

　　村容村貌整洁是我国农村环境发展的内在要求，也是新时代建设美丽乡村的必然选择。随着中国农村经济的快速发展，村容村貌整治问题日趋严重，村容村貌的治理工作纳入到我国农村建设议事日程，而我国农村村容村貌整治方面还缺乏丰富的经验，因此，我们对国内外农村村容村貌整治方式进行研究，以期为我国村容村貌整治提供参考与借鉴。

5.4.1　国外村容村貌整治经验借鉴

1. 日本村容村貌整治具体做法

　　以日本美山町北村村容村貌建设为例，该村风景秀美，将自然风景、乡村道路以及农家风光和谐地融为一体。美山町北村是典型的日本乡村风景，最典型的特征是房屋大多是依山而建的合掌造茅草大屋顶，大约50户人家中有38户用的是茅草顶，屋顶保存较好，村庄的南边有当地的商店和餐馆，供游客参观与购物。现存的茅草屋大多建于江户时代中期到晚期。村内设有艺术馆、民间馆、神社、客栈等，在民间艺术馆里，陈列着日本古代常见的农具等，让游客们可以近距离欣赏日本的乡间风情。

由此，可以看出日本村容村貌的营造存在以下特点：首先，总体布局以村庄的山水形态为基础，统筹村庄建筑的肌理和乡村发展的脉络，协调"旧"和"新"发展的关系。在空间布局上，把握村落的总体风貌，开发休闲活动场所，打造"乡愁"风格的微景观。与此同时，日本在乡风的塑造中，充分挖掘当地历史人文、民风民俗、乡贤故事，以备后续景观营造中"特色乡土元素"的提炼与运用。其次，日本注重业态融合，而乡村产业则是传承和发展的桥梁，通过多个产业的布局，把农村地区的经济联系在一起，逐步扩大其辐射范围。乡村产业是农村发展不可缺少的基础，日本乡村景观的营造结合乡村特色产业，助力提升乡村新发展。最后，村民意识也起到至关重要的作用，日本当地居民对传统建筑群保护高度重视，正是由于当地人对环境的保护意识，保持了优美的村容村貌，促进了当地乡村旅游相关产业的火热，并间接带动了当地的经济发展。

2. 韩国村容村貌整治具体做法

韩国在村容村貌的改善上，主要体现在"新村运动"的成果。20 世纪70 年代，韩国多数农民居住条件简陋，住房主要以茅草屋为主，经过"新村运动"，韩国农村房屋"旧貌换新颜"，农民都住上了砖瓦房，住房条件得到很大的改善。由此而来的是，住房中的生活用品也发生了明显的变化，电灯、电视、洗衣机等家电设备开始在农户家中出现，说明人们的生活质量有了很大的提高，同时村内还有保健所、农民会所、敬老堂（老年人活动中心）等场所供人们休闲娱乐。并且，韩国全国上下各级政府几乎都开始修建乡村道路和桥梁，全力加强基础设施的建设。70 年代初期，农村的桥梁道路得到了极大的建设和发展。到 70 年代末，每个农村都有汽车进出，以往落后的交通状况得到了极大改观。

另外，韩国政府还修建了一些生产性基础设施，如灌溉设施、排水沟等为农业发展提供保障。同时还注重农村环境的保护，建设美丽乡村。以政府为主导的"新村运动"，促进了韩国农村的现代化，使农村面貌、生活环境得到了极大的改善，农民的素质得到了极大的提高。

3. 德国村容村貌整治具体做法

随着工业化的不断推进，联邦德国进入经济高速发展阶段，劳动力纷纷涌入城市，人口快速聚集在城市导致了乡村出现"空心化"现象，人才的缺失导致德国农村发展滞后，村庄布局得不到合理规划，同时工业快速发展也带来了一系列的环境问题，尤其是农村的生态环境遭到了一定程度的破坏。1954 年，联邦德国在《土地整理法》中提出"村庄更新"这一概念，这项任务重点是乡村建设和农村公共基础设施完善，1976 年，在近二十年的经验基础上，联邦德国正式将"村庄更新"写进修订后的《土地整理法》中，进一步明确规定要完善整顿乡村社会环境和基础设施。以韦亚恩地区为典范，该社区通过对土地进行资源整合，开创性地进行了生态农业的探索与实践，在保留原有乡村形态的基础上加大环保力度，注重保护和恢复社区生态，着力保留韦亚恩地区具有明显特色的景观风貌。同时发展休闲农庄产业，在生态保护的同时推动乡村旅游业的发展，实现了生态效益和环境效益并举。休闲农庄产业的快速发展不仅成功吸引大批城市居民旅游体验，还提供了许多就业岗位吸引当地村民加入，促进了村民收入增加，提高了村民的生活品质（刘苗莉，2021）。

5.4.2 国内村容村貌整治经验借鉴

1. 江西省婺源县村容村貌整治具体做法

江西省婺源县位于赣、浙、皖三省交界处，由于美丽的生态环境和丰富的文化遗产，被称为"中国最美乡村"。婺源县政府始终坚持生态优先、环境保护为主要治理思想，在环境治理的同时也注重经济发展，实现了环境、经济效益双丰收。其具体经验做法如下：

（1）注重环境保护。

首先，婺源政府在进行农村人居环境整治时，将生态环境恢复与保护作为治理工作的重中之重，在对村容村貌进行改造的同时，尽可能不去损毁破坏原有的生态环境风貌，只允许在生活生产区域内进行人居环境相关基础设施的建设与改造，禁止在生态保护区域内乱砍滥伐、兴建设施，尽最大努力保护生态环境。其次，政府调查摸排当地情况，因地制宜制定适合本地的建设规划，对建筑空间进行合理布局，结合当地文化特色，将文化元素融入景观风貌和建筑构造当中，提升村容村貌丰富度，打造人、自然、文化和谐共生的局面。最后，为了让村庄更美，婺源政府制定了一系列工作规划，例如垃圾集中处理、河流污染整治、推行林长制，建设自然保护区，明确各主体在村容村貌治理过程中的职责，有效推进了环境保护工作进程。

（2）发展生态旅游。

婺源根据当地油菜花、篁岭晒秋、徽派建筑等独特的自然风光和景观建筑，实施"发展全域旅游、建设最美乡村"战略，充分发掘自身特色，大力发展生态旅游业，建成多个旅游景区，促进了乡村特色旅游业的发展。与此同时，依托旅游业，政府还扶持打造了一大批体育、休闲农业、民宿等特色产业的发展，以生态、民俗、休闲娱乐等为主题的丰富多彩的发展格局，既保护了生态环境，又促进了经济增长。

（3）发扬历史文化。

在村容村貌治理过程中，婺源以本地区丰富的历史文化遗产为切入点，注重对古村落的保护与开发并重，不仅对古建筑进行保护与修复，例如对保存时间较久的楼房、祠堂以及桥梁等给予资金进行维修，这样既保护了文物，又打造了特色名片，使得不少古建筑焕发生机。还注重历史建筑的适度开发，将历史文化与现代旅游业相结合，积极打造特色旅游名片，游客可以感受古建筑的风韵，感受历史人文，有效推动了当地产业发展，在一定程度上提升了经济效益（包栢坤，2022）。

2. 河南省新县村容村貌整治具体做法

新县隶属于河南省信阳市，是全国闻名的革命老区。近年来，该县依托丰富的红色文化资源，不断推动红色旅游业发展，探索出红色引领、绿色发展的乡村振兴模式，增强了农村经济活力。其具体经验做法如下：

（1）加强基础设施建设。

科学制定规划，持续开展人居环境改造、旅游设施建设、基础设施完善、农村公路修缮等方面建设，完善乡村旅游标识、咨询、服务体系，打造一系列生态绿道、景观廊道等特色旅游景观；多渠道提供资金进行古建筑修复与保护，扶持打造休闲农业、生态民宿等特色产业，打造古村落休闲度假基地，将生态保护与乡村旅游业进行有机结合。在保护环境、发展旅游业的同时，提升了村容村貌，使农村更美。

（2）发展特色旅游。

依托红色文化资源发展旅游业，全面整合红色、绿色、古色资源，发展全域旅游，融合一二三产业。打造高质量红色旅游精品工程、品牌、研学路线及教学点；积极开发露营公园、度假区等生态旅游项目，打造农产品品牌、支持发展精品民宿、农家乐。新县利用红色文化资源带动旅游业发展，以发展旅游业为契机开展美丽乡村建设，而美丽乡村建设改善了全县的基础设施和生态环境，进而对旅游业的高质量发展起到正反馈作用（王大千，2021）。

5.4.3　村容村貌整治经验启示

第一，做好科学规划。

首先，要有长远的规划，规划是一切工作顺利展开的前提，农村村容村貌整治应该首先建立健全制度，制定长期发展规划，充分考虑实际情况，确保规划的可操作性，切忌急功近利、形式主义、一拥而上，搞面子工程、形象工程、政绩工程。其次，村容村貌整治不能仅仅只停留在"搞搞街道，搞搞绿化，美化美化环境"等具体的实物形态上，要让农民充分意识到主体地位，加大宣传与科普力度，让农民更加了解政策内容，通过开展各种职业技术培训，提高农民素质，提升农民参与村容村貌整治工作的积极性。最后，结合当地风土人情、特色文化，打造村庄特色产业品牌，促进乡村旅游业向好发展，带动农村产业升级。

第二，保持村庄风貌整体风格的延续。

要做到既从宏观上把握村落的传统风貌，又要以山水、街巷为中心，对山水景观进行合理的保护与利用，同时又要避免挖山、填塘等破坏自然形态问题。另外，在建设的时候，还要保证现有水系的完整性与贯通性，并且按照自然环境来进行治理、疏浚，达到防洪和排水的目的，而一些含池塘和河流的村落，则要尽可能选择当地的乡土材料来建造护坡。

对于不同地形的村落，村容村貌的建设也有不同的注意点。山地村落的地形复杂，地形起伏较大，村落的形状大多呈点状分布。面对这种情况，就要求村民在房屋建造的时候，要尽可能适应地势，同时要以小尺度、小规模、宁低勿高的原则，尽量减少建设平原化的出现；平原地区由于地势平坦，房屋面积较大，分布也比较整齐，所以在建造房屋时要考虑到当地的特点。

在农村绿化体系的建设中，选择树木的时候，要尽可能挑选当地的树木，同时要加强对古树的保护，只有这样，在各类景观的配合下，才能形成一种古朴、自然、亲切的田园风光；在建设街道的时候，要根据道路的规划，对街道两边的建筑进行整体的规划和设计，并根据街区的整体特点，对街道进行更新和改造；同时新的建筑不仅要与原有的建筑风格相结合，还要采用本地的建材和素雅的颜色，才能保证当地特色的保留（陶倩，2018）。

第三，加强村庄历史遗存的保护。

"历史传承"是村落文化的载体，也是村落特色的一个重要组成部分，所以，在对村庄的历史文化传承和保护模式进行选择的时候，需要将其分为以下三个层次：首先，对于各级文物保护单位需要在结合我国文物保护法相关规定的基础上来进行保护与修缮工作，对于部分占用文物保护单位但不具备使用条件的单位与居民，需要引导其进行迁移，以保证整体环境。其次，对各类保存完好的传统建筑，要与文物保护单位的相关保护方法相结合。最后，应积极地保护个别古建筑、古刹、古城门等历史文化遗迹，并合理地修复受损部位。

第四，强化村庄公共空间的传统风貌建设。

在村庄的公共空间的保护和更新中，必须综合考虑到各种空间的特征，以及公园、街道、广场的性质、规模、联系路径，在这个过程中，既要凸显村落的地域特征，又要体现出乡村的文化气息。在这一过程中，还需要采用绿化、小品建设等方式来营造出一种独特的空间景观气氛。另外，村落入口处是一个重要的空间标识，它对整个村落的环境具有很好的导向跟辨识作用。所以，在村庄的入口处，可以通过建筑小品和小型的游园绿化来体现村落的环境特征和入口标识。另外，在村口的建设中，也要体现出一种人性化的精神，可以通过在村口建设一个小型的广场，搭建一个休闲亭等，形成一个充满人文特色的入口环境。

第五，加强地方政府投入力度。

地方政府和部门参与投资，整合各种社会资源，使投资效益最大化。我国目前省级投资建设虽然拉动了一些社会资金投入，但地方政府和部门的投入力度还是不够，还有点"等、靠、要"的思想，因此，加大地方政府和部门的资金投入，整合部门资源使投资效益最大化，是今后进一步搞好村容村貌整治的主要努力方向。

第六，注重欠发达地区建设。

村容村貌整治建设不应忽视对欠发达和贫困地区的投资建设。目前很多地区的农村村容村貌整治都选在经济和各方面条件相对较好的村组，这固然可以先进带后进，对后进地方起到示范带动作用，但也绝对不能忽视对欠发达和贫困地区的投资建设。因为新农村建设的最终目的归结起来还是提高农业生产力水平、共建和谐社会、共同富裕，而整个社会生产力水平不是取决于社会生产力水平的最高点，而是取决于最低点，只有搞好欠发达和贫困地区的投资建设进而达到共同发展，整个社会生产力水平才会提高，才会共同富裕。

第七，加强生态环境保护。

村容村貌的整治要把生态环境保护放在重要位置，严守生态底线，贯彻"两山理论"，坚持在发展中保护，在保护中发展，促进生态效益和经济效益双丰收。发展经济，不能忽视生态环境保护，二者是相互协调、相互促进的，对生态环境的保护不仅能够改善村容村貌，让农村更加美丽，还改善了农民的生产生活条件，提升了农民幸福感。

5.5　农村人居环境整体治理

前文主要是把农村人居环境所具体包含的子项目内容如生活垃圾分类治理、厕所革命、生活污水治理、村容村貌的国内外好的经验和做法进行了分析，本节内容则把农村人居环境看作一个整体，从农村人居环境整体出发来进行国内外经验借鉴。

5.5.1　农村人居环境整体整治的国外经验借鉴

韩国、日本、德国等发达国家社会发展迅速，农村经济发展水平较高，在解决乡村问题和发展乡村建设上取得了显著成就。多元共治模式下的发达国家人居环境整治工作先进经验值得我国进行学习与借鉴。

1. 韩国农村人居环境整治的具体做法

从 20 世纪 60 年代，韩国开始实行国民经济的"五年计划"，经济发展由进口替代转变为出口导向，将重心由国内市场转变为国际市场，国民经济飞速发展，跻身"亚洲四小龙"之一。随着国家工业实力的大幅提升，城市化进程也开始加速，过于重视城市发展而忽略农村地区，导致韩国城乡发展不够协调，落后的乡村建设无法适应人民日益增长的生产生活需求。为了解决城乡发展不均衡的问题，1971 年韩国开始实行"新村运动"，通过修缮基础设施、增加休闲娱乐项目、普及电灯电视等，提升村民的生活质量，同时改善农村人居环境，促进了农村社会的全面发展。具体经验做法如下：

（1）制定发展规划。

农村人居环境的治理与改善是一项长期的系统性的大工程，不是一蹴而就的。韩国在"新村运动"实行初期，就制定了长远的项目发展规划，将农村发展分为四个阶段：第一阶段是完善基础设施的建设，该阶段主要是通过改善住房条件、修建道路和桥梁等方式改善农村环境；第二阶段是发展农村产业，促进农民收入提高；第三阶段是根据各地实际情况，着力发展农村工业；第四阶段是提高农民的整体素质，加强文化教育，促进农村综合发展。通过制定不同时期的发展规划，逻辑合理、思路清晰地进行农村建设发展。与此同时，政府建立的韩国新村运动委员会已经逐渐成为韩国农村人居环境整治的管理主体，负责人居环境整治规划的制定、实施与监督。

（2）多元主体参与治理。

韩国"新村运动"在一开始是由政府发起并主导的自上而下开展的乡村建设发展项目，政府在农村人居环境整治工作的推进实施中发挥引导、管理、监督的作用，这些作用体现在政府机构设置、职能分权、规划制定、资金发放、物质支持以及技术指导等方面。随着工作的不断推进，政府开始引导、鼓励企业、社会团体和村民都参与到农村人居环境整治工作中，各主体都可以直接参与治理工作并提出自身建议，充分发挥自主性，促进参与积极性。同时，政府还会设立专门的培训机构对各参与治理主体进行人居环境整治的统一培训，提升各主体的意识素养。

（3）注重宣传教育。

在"新村运动"项目实施过程中，政府极力弘扬勤勉、自主、协同的精神，倡导村民艰苦朴素、勇于奋斗，在农村人居环境整治过程中发挥不怕苦、敢吃苦的精神。同时还强调人人平等、独立自主、勤奋努力，公民之间应该形成互相合作、友好帮助的关系氛围，呼吁民众形成良好的健康的生活态度。经过政府的不懈努力，韩国民众精神面貌焕然一新（何珍，2020）。

2. 日本农村人居环境协同整治的具体做法

20世纪60年代开始，日本开始将农村环境治理放在国家发展的重要位置，出台了一系列相关法案，对污水、厕所、垃圾、生态环境等农村环境治理问题作出详细规定。日本农村人居环境整治效果明显，日本以其农村良好的村容村貌、干净整洁的环境以及垃圾分类治理等做法受到世界各国的广泛关注。具体经验做法如下：

（1）立法先行。

日本在农村人居环境整治的过程中注重立法先行，尤其注重法律法规的制定和实施。在厕所革命和污水治理方面，日本修订了《清扫法》《建筑基准法》《净化槽法》等相关标准，指导相关工作的推进实施。在生活垃圾治理方面，日本颁布了《推进形成回收型社会基本法》来规范生活垃圾的分类治理。在垃圾处理取得一定进展的基础上，日本政府修改了现行的《农振法》和《土地改良法》，促进了农村土地制度和环境的建设与改善，有效提升了人居环境质量（魏奕，2021）。

（2）多方参与。

日本在农村人居环境整治过程中，政府、社会和村民都会参与到治理过程中来。政府一般负责法律规范的制定实施，以及项目工作的推进与监督。环保组织等社会团体工作内容覆盖多个方面，例如环保教育、绿色生活方式推广、质量检测、循环利用、生态恢复、提供建议等。第三方机构负责专业的技术支持，例如污水治理、厕具建造、垃圾回收等基础设施的建设、运营、更替与维护。农户以每户为单位，配合其他主体进行人居环境的治理，例如主动进行垃圾分类、文明如厕、减少污水排放量、禁止乱扔乱倒等行为，都有利于农村人居环境的良好发展。

（3）注重宣传教育。

日本注重民众思想意识的培养，不仅在学校有专门针对学生的环境教育类课程，从小培养学生的环境意识，在一些公开场合，也经常会有环保类知识讲座进行宣传和普及，以提高公民的环境意识。日本民间还成立了许多环保类社会团体，负责收集民众意见，进行政府和民众的信息沟通，同时也致力于科普环保知识。随着各种思想教育渠道的涌现，日本民众的环保意识与观念也逐渐增强，对于推动农村人居环境整治产生了较大的积极作用。

3. 德国农村人居环境协同整治的具体做法

20 世纪 70 年代，德国开始进行"村庄更新"的农村转型运动，对农村的自然环境、基础设施、道路交通进行规划治理。德国作为欧洲发达国家，始终坚持政府引领、公私合作的方式进行农村人居环境整治，并取得了较为显著的成效。具体经验做法如下：

（1）因地制宜进行规划。

针对农村传统布局不合理的情况，在保留原有特色风貌的基础上，摸排村庄实际情况，从完善农村空间规划体系入手，根据村庄实际整治需求，对村庄风貌进行改善与优化。这一过程中政府起到了领导作用，及时提供资金和技术支持，并及时听取社会组织与民众意见，三方主体共同进行村庄治理工作的推进。

（2）注重村民需求。

政府虽然在人居环境整治过程中起到主导作用，但也充分听取民众意见，积极与村民进行沟通，在与村民不断交流协商的同时，充分了解村民需求、意见与建议，满足农民在日常生产生活中需要的基础设施、相关制度和保障，增加了农民团体参与人居环境治理的主动性和积极性。同时，德国政府还将农民利益放在首位，尽可能地在治理过程中维护农民自身利益，让农民享受环境治理成果带来的福利。

（3）坚持绿色发展理念。

在人居环境整治过程中，德国政府秉持坚持尊重自然、保护自然的思想（黄梦欣，2020），在对人居环境进行治理的同时也注重环境保护，使生态环境的价值不致流失。如果出现了生态价值损失的情况，当地政府会严厉要求参与人居环境整治的各方主体采取必要的措施，借助公私合作的形式，减少生态价值的损失，提高人居环境整治的整体效益，促进农村人居环境的改善，让村民能够在碧水蓝天的环境中享受美好的生活。

5.5.2 农村人居环境整体整治的国内经验借鉴——以浙江省为例

自 2003 年起，浙江省以农村生产、生活、生态环境改善为重点，在全省范围内开始实施"千村示范、万村整治"工程，坚持长远规划、循序渐进，不搞政绩工程，着力解决村庄人居环境和发展问题。经过长期实践，浙江省农村的人居环境面貌得到了极大的改善，农村地区的生态环境得到有效保护，农民的收入水平和生活质量也得到了有效提升。2019 年《中央农办、农业农村部、国家发展改革委关于深入学习浙江"千村示范、万村整治"工程经验扎实推进农村人居环境整治工作的报告》被中共中央、国务院转发，浙江"千万工程"成为全国人居环境整治学习的典范（王珊，2020）。具体经验做法如下：

（1）多元主体共同参与。

浙江省坚持多元主体共同参与农村人居环境整治，群策群力，整合资源进行优化配置。开创性地建立"政府主导、农民主体、部门配合、社会资助、企业参与、市场运作"的治理机制，鼓励多元主体进入人居环境整治领域。政府主要负责引导和监督作用，进行政策规划，提供资金补贴；水利、城建、工会、妇联等部门深入农村，了解农民实际需求，积极与农民进行联系互动；企业主要负责提供专业的技术支持；社会各界给予一定资助对人居环境整治工作进行支持。各主体各司其职，发挥作用，构建全社会协同治理格局，多主体共同参与农村人居环境整治工作。

（2）注重以人为本。

农民是人居环境整治的受益者，也是治理主体，农村人居环境整治工作的主要内容是向农村居民提供公共物品和服务，是为了服务人民和满足人民对美好生活的需求。浙江省以农民需求为问题导向，高度重视农民诉求，进行厕所革命、垃圾治理、污水处理等工作，提升了农民生活质量；修路修桥，实行绿化亮化工程，改善村庄环境，提升村庄形象；进行宣传教育，提升农民思想道德修养，加强农民精神文明建设。

（3）注重科学规划。

浙江省"千万工程"将人居环境整治分为四个阶段进行，一是示范引领，该阶段主要解决长久以来积存的"脏乱差"问题；二是整体推进，该阶段主要工作内容是推进污水治理、厕所革命、生活垃圾处理等基础设施的建设与完善；三是持续深化，该阶段主要是改善农村的村容村貌，例如增加路灯和绿化面积；四是转型升级，该阶段主要是发展农村特色产业，充分挖掘村庄特色，优化农村治理结构，丰富村庄面貌。

（4）坚持绿色发展。

作为"两山理论"的发源地，浙江省通过广泛宣传和深入学习，使"绿水青山就是金山银山"的理念深入人心，政府在农村人居环境整治过程中始终坚守可持续发展的思想，在积极推进绿色产业发展的同时，仍不忘生态的保护与恢复。浙江不断推出新政策、新举措、新技术，督促企业绿色低碳转型，推进产业绿色发展，大力发展乡村旅游、养生养老、运动健康、电子商务、文化创意等美丽业态，切实把"千万工程"作为推动农村全面小康建设的基础工程、统筹城乡发展的龙头工程、优化农村环境的生态工程、造福农民群众的民心工程，为增加农民收入、提升农民群众生活品质奠定基础，为建设幸福家园和美丽乡村注入动力（生态环境部，2019）。

第6章 有效提升我国农村人居环境质量的对策建议

通过前文分析可知，随着中央对农村人居环境整治重视程度的提升，各地方也都把推进农村人居环境整治工作作为重中之重，并且取得了一定的成效，建立了较为完善的垃圾治理体系，建设了一批生活污水治理项目，厕所改造也在稳步推进，村容村貌质量得到了提升，但管理空档、重复建设和不切实际的项目建设仍然存在；并且缺乏自下而上的诉求表达机制，村民在农村人居环境整治过程中不能充分发挥主体作用，只能被动接受；部分治理模式和治理技术仍然延续城镇城市的整治思路，缺乏创新性的适合农村的人居环境整治模式和技术；地方政府有事权而无财权，农村人居环境投融资渠道狭窄，建设和运维资金不足；对村"两委"工作的激励力度不够，村"两委"作为项目的日常监管者，缺乏工作动力和热情，农村人居环境整治也面临一系列的突出问题，村民随便乱扔垃圾、垃圾产生量大、收运不及时，生活污水治理和厕所改造还存在"晒太阳"工程，村容村貌整治方面存在动力不足、资金不够、方向不明等问题；同时也缺乏多元协同治理的有效机制。在对我国农村人居环境整治进行供需两个层面实证评估的基础上，本书充分借鉴国内外生活垃圾治理、厕所革命、污水治理、村容村貌建设及农村人居环境整治治理的经验，为了进一步提升农村人居环境整治效果、改善农村人居环境治理，提出如下的对策建议。

6.1 要统筹全局，注重规划先行

农村人居环境整治要综合考虑各地的自然条件、社会发展水平、经济状

况，把握好整治的广度、深度、推进速度、财力承受度和农民接受度，做到尽力而为又量力而行。不搞脱离农村实际、违背农民意愿的政绩工程和形象工程。这就要求必须有一个统一指挥部门，统筹全局，注重规划先行，一以贯之，坚持因地制宜，久久为功。在财力有限的情况下，优先解决老百姓最迫切、最关心的事，避免出现管理空档和重复建设问题。在方案制订之前针对当地居民进行广泛的调研和深入的论证，探索适应当地的实施方案。如日本多数城市将垃圾分为可燃垃圾、不可燃垃圾、资源垃圾和大型垃圾四大类，在此基础上各地区可再分为 5～20 个小类。又如人居环境整治中的垃圾分类部分要提前设计和规划完善的生活垃圾分类投放、收集、运输和处理体系。这 4 个环节环环相扣，任何一个环节出现问题，都不能达到农村生活垃圾有效分类治理的目的。尤其是要做好农村生活垃圾的后端处理工作，后端决定前端，如果没有完善的分类运输和分类处理体系，前端的分类投放和分类收集工作就是白费力气。当然，前端也是后端成功的基础，没有分类投放和分类收集，后端的分类运输和分类处理工作也就无从谈起。

6.2　要以人为本，充分发挥村民主体作用

要建立自下而上的诉求表达机制，发挥村民在农村人居环境整治中的主体作用。目前，绝大部分地区的农村人居环境整治工作是由政府自上而下推动的，相对缺乏对村民的宣传教育，也缺乏自下而上的诉求表达机制和对村民的约束机制。要尽快完善对村民的宣传培训制度、诉求表达制度和违规惩罚制度，充分发挥农村人居环境整治中的村民主体作用。部分地区由妇联组织发起的"美丽庭院"活动，通过技术提升和荣誉奖励，激发了农村妇女"美化小家"进而"美化大家"的热情，有条件的地区可以示范推行。如前文中北沟村垃圾分类正式行动前，村"两委"组织全村户主召开户主大会，决议制定了村规民约，并组织村民参加生活垃圾分类培训，还通过党员干部包户监督指导、日常广播宣传等方式，用一年左右的时间引导村民形成了生活垃圾分类的良好习惯，此过程使得村民人人愿意参与公共事务，提高了村庄的凝聚力和村民的集体荣誉感。

6.3　要因地制宜，创新模式，推广适切技术

通过前文人居环境国外和国内经验借鉴可以看出不同的社会、自然和政策条件可以运用的人居环境整治模式也各有不同。同时，农村人居环境整治是一个系统工程，垃圾、污水、厕所、村容村貌四个方面的整治逻辑不同，应该根据项目实际需求，采取合适的治理模式和适切的治理技术。有条件的地区应持续探索"多元共治模式"，充分发挥政府、市场、村"两委"和村民的比较优势，实现农村人居环境整治的"合作共赢"。不满足条件的情况下，也可以灵活采用村民自治等模式。由于农村人居环境整治工作涉及人员管理、技术投入等一系列专业服务，对于人居环境整治用到的工具和技术，有条件的地区可以适当发展和采用，如可以借鉴德国垃圾分类中运用的先进的生物处理技术和垃圾能源发电技术。

6.4　要创新投融资机制设计，优化资金投入方式

缺乏资金支持是目前大部分地区推进人居环境整治的重要问题，部分有条件的村庄，可以通过"村集体主导＋企业参与＋村民共建"的模式，盘活村庄资源要素，引导金融社会资本投入，以融合发展的理念拓宽人居环境基础设施建设的投融资渠道，为农村人居环境整治提供硬件保障。如垃圾收运在一些地区可以尝试政府购买服务的方式，并注重对垃圾处理服务的过程监督与绩效考核，以提升对垃圾收运服务投资的管理效率。尤其是对于生态涵养区或欠发达地区，由于地方财政困难，在推进农村生活垃圾分类治理工作方面需要进一步加强上级政府的资金配套和人力支持，以促使农村生活垃圾分类工作有序开展。同时也要预先设计好利益分配机制才能更好鼓励更多主体参与到人居环境整治的深度合作中来，要保障垃圾收运企业、处理企业和管理公司等主体在合作中的地位和经济收益，如加拿大的政府规定企业所得收益除了抵扣处理成本以外，还会将部分收益支付给废弃管理公司，确保其足够的盈利空间。政府与企业则按照规定的标准共同承担处理费用，以增

加企业的盈利空间和解决收益分配不足等问题。目前，中国在生活垃圾分类治理方面的市场空间很大，应该鼓励更多环卫领域的创新创业，培育壮大具有市场竞争力的环卫企业主体，为中国居民带来更为专业的生活垃圾分类治理服务，弥补政府供给模式的不足。

6.5　要加大激励力度，激发村"两委"监管动力和热情

村"两委"是农村人居环境整治的主要执行者，激发村"两委"参与人居环境整治工作的动力，是推动农村人居环境整治长效运行的重要保障。部分地区通过试行党支部书记、村主任"一肩挑"，强化村干部考核激励机制，推行"基础报酬＋绩效报酬＋奖金"的结构报酬制，加强村干部队伍的培训和管理，通过乡镇干部包村等措施，在一定程度上激励了村"两委"的工作积极性，发挥了村"两委"在人居环境整治中的监督管理作用。如北京市北沟村在实施垃圾分类政策时，村"两委"组织全村户主召开户主大会，决议制定了村规民约，并组织村民参加生活垃圾分类培训，还通过党员干部包户监督指导、日常广播宣传等方式，用一年左右的时间引导村民形成了生活垃圾分类的良好习惯。村庄还成立了党员服务队，于每月5日党员包片打扫村庄卫生，充分发挥了党建引领的作用。由此可以看出，在当前的人居环境治理中，不管采用何种形式，村"两委"的工作都是非常关键的。因此，在当前我国农村垃圾分类工作普遍缺少宣传、教育和服务的背景下，要进一步完善我国农村生活垃圾分类管理工作，就要注重发挥基层党员在群众中的带头作用和宣传教育作用，通过将垃圾分类列入优秀党员干部的考评体系、定期面向群众开展党员宣传教育活动、划分各党员责任区开展监督教育工作等方式，引导更多的村民积极参与到垃圾分类中来。

6.6　要完善相关立法，执法必严

农村人居环境整治涉及农村的水土资源、村民住房等问题。私搭乱建、

乱堆乱占、随意排放生活废弃物等行为，如果没有完善的立法约束，单靠行政力量，在推进过程中会遇到重重阻碍。村庄规划、村容村貌整治过程中，如果没有完善的立法支持，容易没有方向，应该学习国内外成功经验，从中央到地方，建立完善的农村人居环境整治法律法规体系，保障农村人居环境整治，有法可依，执法必严。我国 2021 年 4 月 29 日在第十三届全国人民代表大会常务委员会第二十八次会议上通过了《中华人民共和国乡村振兴促进法》，该法律于 2021 年 6 月 1 日起施行。该法律共分为 10 章 74 条，其中第三十七条规定，"各级人民政府应当建立政府、村级组织、企业、农民等各方面参与的共建共管共享机制，综合整治农村水系，因地制宜推广卫生厕所和简便易行的垃圾分类，治理农村垃圾和污水，加强乡村无障碍设施建设，鼓励和支持使用清洁能源、可再生能源，持续改善农村人居环境"。该法律的出台是我国农业农村法律制度体系的重大成果，标志着我国乡村振兴战略进入了有法可依、依法实施的全新阶段，为我国农村人居环境整治工作的进一步开展提供了有利的法制保障。与此同时，除了制定相关法律法规之外，还要进一步加大执法力度。为了奖优罚劣以激励、敦促农村居民全民参与生活垃圾分类，应该加大严格执法力度，对于违反垃圾分类制度的居民予以物质惩罚或者记入个人征信，完善立法、严格执法，有效促进农村居民积极参与垃圾分类。

附　　录

表 A1　　　　　　2017 年农村人居环境质量评价结果（P 值）

地区	评价值	排名	地区	评价值	排名
安徽	0.303	8	辽宁	0.103	27
北京	0.371	5	内蒙古	0.102	28
福建	0.416	4	宁夏	0.219	11
甘肃	0.104	26	青海	0.065	31
广东	0.238	10	山东	0.341	6
广西	0.141	20	山西	0.122	21
贵州	0.172	17	陕西	0.149	18
海南	0.141	19	上海	0.590	1
河北	0.106	25	四川	0.190	14
河南	0.187	15	天津	0.245	9
黑龙江	0.066	30	西藏	0.107	24
湖北	0.217	12	新疆	0.110	22
湖南	0.200	13	云南	0.109	23
吉林	0.090	29	浙江	0.419	3
江苏	0.469	2	重庆	0.314	7
江西	0.180	16			

表A2   2016 年农村人居环境质量评价结果（P 值）

地区	评价值	排名	地区	评价值	排名
安徽	0.211	9	辽宁	0.124	19
北京	0.455	2	内蒙古	0.194	11
福建	0.330	6	宁夏	0.208	10
甘肃	0.073	29	青海	0.053	31
广东	0.372	5	山东	0.328	7
广西	0.116	21	山西	0.105	22
贵州	0.104	23	陕西	0.138	17
海南	0.125	18	上海	0.566	1
河北	0.094	25	四川	0.123	20
河南	0.149	15	天津	0.220	8
黑龙江	0.061	30	西藏	0.084	26
湖北	0.176	12	新疆	0.102	24
湖南	0.171	13	云南	0.079	27
吉林	0.073	28	浙江	0.439	3
江苏	0.419	4	重庆	0.152	14
江西	0.146	16			

表A3   2015 年农村人居环境质量评价结果（P 值）

地区	评价值	排名	地区	评价值	排名
安徽	0.215	10	辽宁	0.100	21
北京	0.454	3	内蒙古	0.088	24
福建	0.317	6	宁夏	0.251	8
甘肃	0.064	29	青海	0.041	31
广东	0.360	5	山东	0.307	7
广西	0.107	19	山西	0.099	22
贵州	0.089	23	陕西	0.127	15
海南	0.141	14	上海	0.572	1

地区	评价值	排名	地区	评价值	排名
河北	0.080	25	四川	0.114	18
河南	0.126	16	天津	0.231	9
黑龙江	0.057	30	西藏	0.075	26
湖北	0.153	11	新疆	0.103	20
湖南	0.147	12	云南	0.070	28
吉林	0.073	27	浙江	0.462	2
江苏	0.384	4	重庆	0.124	17
江西	0.143	13			

表 A4　　　　　2014 年农村人居环境质量评价结果（P 值）

地区	评价值	排名	地区	评价值	排名
安徽	0.223	8	辽宁	0.093	22
北京	0.442	2	内蒙古	0.050	30
福建	0.314	6	宁夏	0.125	14
甘肃	0.063	27	青海	0.035	31
广东	0.353	4	山东	0.290	7
广西	0.102	19	山西	0.100	20
贵州	0.076	23	陕西	0.118	15
海南	0.135	12	上海	0.589	1
河北	0.073	24	四川	0.105	18
河南	0.117	16	天津	0.216	9
黑龙江	0.055	29	西藏	0.065	26
湖北	0.136	10	新疆	0.094	21
湖南	0.129	13	云南	0.063	28
吉林	0.071	25	浙江	0.346	5
江苏	0.357	3	重庆	0.111	17
江西	0.136	11			

表 A5   **2013 年农村人居环境质量评价结果（P 值）**

地区	评价值	排名	地区	评价值	排名
安徽	0.206	8	辽宁	0.073	23
北京	0.440	2	内蒙古	0.075	22
福建	0.293	5	宁夏	0.112	14
甘肃	0.062	28	青海	0.040	31
广东	0.343	3	山东	0.269	6
广西	0.098	18	山西	0.087	21
贵州	0.067	26	陕西	0.110	15
海南	0.137	11	上海	0.585	1
河北	0.068	24	四川	0.095	19
河南	0.107	16	天津	0.201	9
黑龙江	0.053	30	西藏	0.062	27
湖北	0.131	12	新疆	0.090	20
湖南	0.178	10	云南	0.059	29
吉林	0.068	25	浙江	0.245	7
江苏	0.330	4	重庆	0.098	17
江西	0.126	13			

表 A6   **2017 年地区综合经济发展水平评价结果（P 值）**

地区	评价值	排名	地区	评价值	排名
安徽	0.231	21	辽宁	0.287	12
北京	0.790	2	内蒙古	0.315	8
福建	0.364	7	宁夏	0.274	13
甘肃	0.185	29	青海	0.209	25
广东	0.412	6	山东	0.311	9
广西	0.173	30	山西	0.272	14
贵州	0.205	26	陕西	0.249	18
海南	0.296	11	上海	0.829	1

地区	评价值	排名	地区	评价值	排名
河北	0.225	23	四川	0.210	24
河南	0.197	28	天津	0.544	3
黑龙江	0.171	31	西藏	0.263	17
湖北	0.265	15	新疆	0.264	16
湖南	0.242	20	云南	0.204	27
吉林	0.226	22	浙江	0.480	4
江苏	0.452	5	重庆	0.309	10
江西	0.244	19			

表 A7　　　　2016 年地区综合经济发展水平评价结果（P 值）

地区	评价值	排名	地区	评价值	排名
安徽	0.209	23	辽宁	0.262	13
北京	0.752	2	内蒙古	0.339	7
福建	0.325	8	宁夏	0.270	12
甘肃	0.180	28	青海	0.196	25
广东	0.379	6	山东	0.283	11
广西	0.156	30	山西	0.251	14
贵州	0.215	22	陕西	0.219	20
海南	0.285	10	上海	0.799	1
河北	0.196	24	四川	0.192	26
河南	0.173	29	天津	0.574	3
黑龙江	0.148	31	西藏	0.230	17
湖北	0.236	16	新疆	0.244	15
湖南	0.218	21	云南	0.191	27
吉林	0.227	18	浙江	0.443	4
江苏	0.421	5	重庆	0.290	9
江西	0.225	19			

表 A8　　　　　　2015 年地区综合经济发展水平评价结果（P 值）

地区	评价值	排名	地区	评价值	排名
安徽	0.190	25	辽宁	0.245	15
北京	0.704	2	内蒙古	0.325	7
福建	0.296	9	宁夏	0.266	11
甘肃	0.167	28	青海	0.229	18
广东	0.346	6	山东	0.255	13
广西	0.149	30	山西	0.256	12
贵州	0.226	19	陕西	0.229	17
海南	0.300	8	上海	0.721	1
河北	0.177	27	四川	0.185	26
河南	0.157	29	天津	0.558	3
黑龙江	0.144	31	西藏	0.215	21
湖北	0.216	20	新疆	0.250	14
湖南	0.192	24	云南	0.193	23
吉林	0.212	22	浙江	0.407	4
江苏	0.394	5	重庆	0.286	10
江西	0.231	16			

表 A9　　　　　　2014 年地区综合经济发展水平评价结果（P 值）

地区	评价值	排名	地区	评价值	排名
安徽	0.167	24	辽宁	0.323	6
北京	0.635	1	内蒙古	0.306	8
福建	0.271	11	宁夏	0.242	13
甘肃	0.143	29	青海	0.221	17
广东	0.306	7	山东	0.230	14
广西	0.135	31	山西	0.273	9
贵州	0.230	15	陕西	0.207	18
海南	0.272	10	上海	0.634	2

地区	评价值	排名	地区	评价值	排名
河北	0.157	27	四川	0.162	26
河南	0.138	30	天津	0.517	3
黑龙江	0.155	28	西藏	0.199	20
湖北	0.188	22	新疆	0.227	16
湖南	0.167	25	云南	0.179	23
吉林	0.204	19	浙江	0.361	4
江苏	0.358	5	重庆	0.260	12
江西	0.195	21			

表 A10　　　2013 年地区综合经济发展水平评价结果（P 值）

地区	评价值	排名	地区	评价值	排名
安徽	0.152	24	辽宁	0.339	4
北京	0.588	1	内蒙古	0.290	7
福建	0.241	11	宁夏	0.222	14
甘肃	0.133	29	青海	0.202	17
广东	0.277	8	山东	0.208	15
广西	0.123	30	山西	0.251	9
贵州	0.232	13	陕西	0.186	19
海南	0.246	10	上海	0.582	2
河北	0.141	27	四川	0.147	25
河南	0.118	31	天津	0.477	3
黑龙江	0.139	28	西藏	0.153	23
湖北	0.156	22	新疆	0.208	16
湖南	0.142	26	云南	0.177	20
吉林	0.193	18	浙江	0.328	5
江苏	0.324	6	重庆	0.241	12
江西	0.169	21			

参 考 文 献

［1］白峻恺. 吉林省农村居民生活垃圾分类意愿及其影响因素分析 ［D］. 长春：吉林大学，2019.

［2］包栢坤. 乡村振兴战略背景下河源市美丽乡村建设研究 ［D］. 大连：大连海洋大学，2022.

［3］布坎南，吴良健译. 自由、市场和国家 ［M］. 北京：北京经济学院出版社，1988.

［4］曹娜，王玲. 多元化投融资：促进城市垃圾处理设施建设 ［J］. 经营与管理，2009（12）：23 - 25.

［5］畅倩，颜俨，李晓平，张聪颖，赵敏娟. 为何"说一套做一套"——农户生态生产意愿与行为的悖离研究 ［J］. 农业技术经济，2021（4）：85 - 97.

［6］陈常非. 琼海市农村生活污水治理研究 ［D］. 南京：南京农业大学，2020.

［7］陈飞宇. 城市居民垃圾分类行为驱动机理及政策仿真研究 ［D］. 北京：中国矿业大学，2018.

［8］陈浩，王皓月. 农村公共服务高质量发展的内涵阐释与策略演化 ［J］. 中国人口·资源与环境，2022，32（10）：183 - 196.

［9］陈洪连. 乡村环境协商治理的困境与出路 ［J］. 齐鲁学刊，2019（3）：100 - 108.

［10］陈宽宏，程正志，龙智广. 日本、韩国及中国台湾地区促进农村经济社会发展的经验及启示 ［J］. 政策，2015（7）：69 - 72.

［11］陈琳. 我国农村环境污染问题研究 ［J］. 安徽农业科学，2010，38（31）：17671 - 17673.

［12］陈绍军，李如春，马永斌. 意愿与行为的悖离：城市居民生活垃

圾分类机制研究 [J]. 中国人口·资源与环境, 2015, 25 (9): 168 -176.

[13] 陈水光, 孙小霞, 苏时鹏. 农村人居环境合作治理的理论阐释及实现路径——基于资本主义经济新变化对学界争论的重新审视 [J]. 福建论坛 (人文社会科学版), 2020 (1): 81 -89.

[14] 舩桥晴俊, 寺田良一, 罗亚娟. 日本环境政策、环境运动及环境问题史 [J]. 学海, 2015 (4): 62 -75.

[15] 丛艳国, 夏斌, 魏立华. 广州社区人居环境满意度人群及空间差异特征 [J]. 人文地理, 2013, 28 (4): 53 -57.

[16] 崔亚飞, Bluemling B. 农村居民生活垃圾处理行为的影响因素及其效应研究: 基于拓展的计划行为理论框架 [J]. 干旱区资源与环境, 2018, 32 (4): 37 -42.

[17] 戴晓霞, 季湘铭. 农村居民对生活垃圾分类收集的认知度分析 [J]. 经济论坛, 2009 (15): 45 -47.

[18] 单海英. 从日本的厕所发展来看日本文化 [J]. 青年文学家, 2016 (6): 186.

[19] 丁建彪. 合作治理视角下中国农村生活垃圾处理模式研究 [J]. 行政论坛, 2020, 27 (4): 123 -130.

[20] 董杰. "厕所革命" 与农村未成年人健康: 微观证据及作用机制 [J]. 农业技术经济, 2021 (7): 128 -144.

[21] 董锁成, 张佩佩, 李飞, 等. 山东半岛城市群人居环境质量综合评价 [J]. 中国人口·资源与环境, 2017, 27 (3): 155 -162.

[22] 杜焱强, 刘平养, 吴娜伟. 政府和社会资本合作会成为中国农村环境治理的新模式吗?——基于全国若干案例的现实检验 [J]. 中国农村经济, 2018 (12): 67 -82.

[23] 杜焱强, 王亚星, 陆万军. PPP 模式下农村环境治理的多元主体何以共生?——基于演化博弈视角的研究 [J]. 华中农业大学学报 (社会科学版), 2019 (6): 89 -96.

[24] 杜焱强, 吴娜伟, 丁丹, 等. 农村环境治理 PPP 模式的生命周期成本研究 [J]. 中国人口·资源与环境, 2018, 28 (11): 162 -170.

[25] 樊翠娟. 从多中心主体复合治理视角探讨农村人居环境整治模式创新 [J]. 云南农业大学学报 (社会科学), 2018, 12 (6): 11 -16, 55.

［26］范彬，王洪良，朱仕坤，张玉. 我国乡村"厕所革命"的回顾与思考［J］. 农村工作通讯，2019（20）：58－62.

［27］范彬. 日本农村生活污水治理的组织管理与启示［J］. 中国建设信息（水工业市场），2010（1）：24－27.

［28］范维昌. 长沙市公共厕所设计策略研究［D］. 长沙：湖南大学，2018.

［29］高晋阳. 甘肃省农村生活污水治理的立法研究［D］. 兰州：兰州大学，2020.

［30］高庆标，徐艳萍. 农村生活垃圾分类及综合利用［J］. 中国资源综合利用，2011，29（9）：61－63.

［31］龚原. 乡村振兴战略下农村"厕所革命"协同治理路径研究［J］. 乡村科技，2019（24）：9－11.

［32］郭静佳，常佳，王煦晔，王广斌，金华旺. 生态性"美丽乡村"村容村貌探析［J］. 农业开发与装备，2015（7）：24，71.

［33］郭清卉，李世平，南灵. 环境素养视角下的农户亲环境行为［J］. 资源科学，2020，42（5）：856－869.

［34］郭思琪. 浅析农村"厕所革命"困境及优化路径［J］. 现代农业研究，2021，27（7）：143－145.

［35］郭艳菲，李鸣晓，祝超伟，李翔，贾璇，夏天明，汪琼洋. 中日韩农村环境政策比较分析［J］. 环境保护与循环经济，2017，37（6）：67－69.

［36］郭燕. 美国城市固废垃圾数据统计分类及处理方式［J］. 再生资源与循环经济，2020，13（6）：41－44.

［37］韩洪云，张志坚，朋文欢. 社会资本对居民生活垃圾分类行为的影响机理分析［J］. 浙江大学学报（人文社会科学版），2016，46（3）：164－179.

［38］韩玉祥. 乡村振兴战略下农村基层治理新困境及其突围——以农村人居环境整治为例［J］. 云南民族大学学报（哲学社会科学版），2021，38（2）：48－56.

［39］何可，张俊飚，张露，吴雪莲. 人际信任、制度信任与农民环境治理参与意愿——以农业废弃物资源化为例［J］. 管理世界，2015（5）：

75 - 88.

[40] 何寿奎. 农村环境多元共治主体行为逻辑与政策引导机制研究 [J]. 现代经济探讨, 2018 (8): 119 - 126.

[41] 何珍. 农村人居环境的多中心治理研究 [D]. 苏州: 苏州大学, 2020.

[42] 胡伟, 冯长春, 陈春. 农村人居环境优化系统研究 [J]. 城市发展研究, 2006 (6): 11 - 17.

[43] 胡晓伟. 北方山区农村厕所革命问题研究 [D]. 石家庄: 河北师范大学, 2020.

[44] 胡洋. 农村人居环境合作治理的制度优势与实现路径 [J]. 云南社会科学, 2021 (2): 84 - 91.

[45] 胡中应, 胡浩. 社会资本与农村环境治理模式创新研究 [J]. 江淮论坛, 2016 (6): 51 - 56.

[46] 黄刚, 樊战辉, 李忠华, 杨琴. 成都市新津区 "户厕革命" 改厕现状及成因分析 [J]. 农村经济与科技, 2021, 32 (21): 277 - 279.

[47] 黄蕾. 多中心治理视角下呈贡区美丽乡村建设研究 [D]. 昆明: 云南财经大学, 2017.

[48] 黄梦欣. 将乐县农村人居环境整治研究 [D]. 福州: 福建农林大学, 2020.

[49] 黄巧云, 田雪. 生态文明建设背景下的农村环境问题及对策 [J]. 华中农业大学学报 (社会科学版), 2014 (2): 10 - 15.

[50] 黄炎忠, 罗小锋, 闫阿倩. 不同奖惩方式对农村居民生活垃圾集中处理行为与效果的影响 [J]. 干旱区资源与环境, 2021, 35 (2): 1 - 7.

[51] 贾小梅, 董旭辉, 于奇, 等. 中日农村环境管理对比及对中国的启示 [J]. 中国环境管理, 2019, 11 (2): 5 - 9.

[52] 贾亚娟, 赵敏娟, 夏显力, 姚柳杨. 农村生活垃圾分类处理模式与建议 [J]. 资源科学, 2019, 41 (2): 338 - 351.

[53] 贾亚娟, 赵敏娟. 生活垃圾污染感知、社会资本对农户垃圾分类水平的影响——基于陕西 1 374 份农户调查数据 [J]. 资源科学, 2020, 42 (12): 2370 - 2381.

[54] 姜利娜, 赵霞. 农村生活垃圾分类治理: 模式比较与政策启

示——以北京市 4 个生态涵养区的治理案例为例 [J]. 中国农村观察, 2020 (2): 16 – 33.

[55] 姜胜辉. 消解与重构: 农村"厕所革命"的体制性障碍与制度化策略——一个治理的分析视角 [J]. 中共宁波市委党校学报, 2019, 41 (6): 119 – 127.

[56] 蒋惠中, 史瑶. 新形势下农村人居环境整治面临的问题及建议 [J]. 新农业, 2021 (2): 93 – 94.

[57] 蒋培. 规训与惩罚: 浙中农村生活垃圾分类处理的社会逻辑分析 [J]. 华中农业大学学报 (社会科学版), 2019 (3): 103 – 110, 163 – 164.

[58] 鞠昌华, 朱琳, 朱洪标, 等. 我国农村人居环境整治配套经济政策不足与对策 [J]. 生态经济, 2015, 31 (12): 155 – 158.

[59] 鞠昌华, 张卫东, 朱琳, 孙勤芳. 我国农村生活污水治理问题及对策研究 [J]. 环境保护, 2016, 44 (6): 49 – 52.

[60] 康佳宁, 王成军, 沈政, 等. 农民对生活垃圾分类治理的意愿与行为差异研究: 以浙江省为例 [J]. 资源开发与市场, 2018, 34 (12): 1726 – 1730.

[61] 孔德政, 谢珊珊, 刘振静, 等. 基于 AHP 法的乡村人居环境评价研究——以赵河镇为例 [J]. 林业调查规划, 2015, 40 (3): 99 – 104.

[62] 雷刘功, 杨勇, 牛震, 等. 广东省珠海市斗门区农村改厕一张图人居环境一盘棋 [J]. 农村工作通讯, 2019 (20): 20 – 23.

[63] 冷波. 行政引领自治: 农村人居环境整治的实践与机制 [J]. 华南农业大学学报 (社会科学版), 2021, 20 (6): 15 – 22.

[64] 李彬倩, 张梦茹, 毕梦歌, 陈宇杰, 牛雅静. 新时代农村厕所革命发展研究——基于河南省部分农村厕所革命的调查报告 [J]. 农村经济与科技, 2021, 32 (20): 16 – 18.

[65] 李兵弟, 贾康, 汤志明, 等. 改善农村人居环境的公共财政引导问题 [J]. 财经问题研究, 2007 (3): 3 – 9.

[66] 李伯华, 曾菊新, 胡娟. 乡村人居环境研究进展与展望 [J]. 地理与地理信息科学, 2008 (5): 70 – 74.

[67] 李伯华, 曾荣倩, 刘沛林, 等. 基于 CAS 理论的传统村落人居环境演化研究——以张谷英村为例 [J]. 地理研究, 2018, 37 (10): 1982 –

1996.

[68] 李伯华, 窦银娣, 刘沛林. 欠发达地区农户人居环境建设的支付意愿及影响因素分析——以红安县个案为例 [J]. 农业经济问题, 2011, 32 (4): 74-80.

[69] 李伯华, 刘沛林, 窦银娣. 转型期欠发达地区乡村人居环境演变特征及微观机制——以湖北省红安县二程镇为例 [J]. 人文地理, 2012, 27 (6): 56-61.

[70] 李陈, 赵锐, 汤庆园. 基于分省数据的中国农村人居环境时空差异 [J]. 生态学杂志, 2019, 38 (5): 1472-1481.

[71] 李陈. 中国36座中心城市人居环境综合评价 [J]. 干旱区资源与环境, 2017, 31 (5): 1-6.

[72] 曼瑟尔·奥尔森. 集体行动的逻辑 [M]. 陈郁, 郭宇峰, 李崇新, 译. 上海: 格致出版社, 上海人民出版社, 2014.

[73] 李冬青, 侯玲玲, 闵师, 等. 农村人居环境整治效果评估——基于全国7省农户面板数据的实证研究 [J]. 管理世界, 2021, 37 (10): 182-195.

[74] 李芬妮, 张俊飚, 何可, 畅华仪. 归属感对农户参与村域环境治理的影响分析——基于湖北省1 007个农户调研数据 [J]. 长江流域资源与环境, 2020, 29 (4): 1027-1039.

[75] 李航, 李雪铭, 田深圳, 等. 城市人居环境的时空分异特征及其机制研究——以辽宁省为例 [J]. 地理研究, 2017, 36 (7): 1323-1338.

[76] 李厚禹, 蒯伟, 邵振鲁, 刘亚琦, 徐艳, 郑向群. 新冠肺炎疫情对农村人居环境整治的影响 [J]. 环境科学研究, 2020, 33 (7): 1579-1588.

[77] 李继霞, 刘涛, 霍静娟. 中国农村公共服务供给质量时空格局及影响因素 [J]. 经济地理, 2022, 42 (6): 132-143.

[78] 李华生, 徐瑞祥, 高中贵, 彭补拙. 城市尺度人居环境质量评价研究——以南京市为例 [J]. 人文地理, 2005 (1): 1-5.

[79] 李嘉雯, 何熙, 敖亮, 等. 中国农村厕所改造现状及长效管理机制研究 [J]. 环境科学与管理, 2021, 46 (9): 11-15.

[80] 李婕, 王玉斌, 程鹏飞. 如何加速中国农村"厕所革命"?——

基于典型国家的经验与启示 [J]. 世界农业, 2020 (10): 20-26.

[81] 李丽丽, 李文秀, 栾胜基. 中国农村环境自主治理模式探索及实践研究 [J]. 生态经济, 2013 (11): 166-169.

[82] 李梦婷. 农村"厕所革命"中的农户意愿研究——以河南省信阳市洋河镇为例 [J]. 农村经济与科技, 2021, 32 (11): 242-244.

[83] 李苗苗. 江苏农村厕所革命的实践与经验启示 [J]. 农村经济与科技, 2020, 31 (1): 317-318.

[84] 李双江, 胡亚妮, 崔建升, 等. 石家庄经济与人居环境耦合协调演化分析 [J]. 干旱区资源与环境, 2013, 27 (4): 8-15.

[85] 李晓玉, 张哲聪. 网络治理视角下农村"厕所革命"多元主体协作困境研究 [J]. 湖北农业科学, 2021, 60 (13): 208-212.

[86] 李星颖. 基于农户满意视角的成都市农村户厕所改造调查及改进对策研究 [J]. 西南农业学报, 2020, 33 (12): 2962-2966.

[87] 李玉敏, 白军飞, 王金霞, 仇焕广. 农村居民生活固体垃圾排放及影响因素 [J]. 中国人口·资源与环境, 2012, 22 (10): 63-68.

[88] 李治邦. 浅谈改造农村厕所的意义 [J]. 农业与技术, 2018, 38 (15): 174-175.

[89] 连宏萍, 王德川. 乡镇生活垃圾分类处理对碳减排的贡献 [J]. 中国人口·资源与环境, 2019, 29 (1): 70-78.

[90] 梁晨, 李建平, 李俊杰. 基于"三生"功能的我国农村人居环境质量与经济发展协调度评价与优化 [J]. 中国农业资源与区划, 2021, 42 (10): 19-30.

[91] 梁增芳, 肖新成, 倪九派. 农业面源污染认知与调控意愿关系的实证分析——以三峡库区南沱镇为例 [J]. 西南大学学报 (自然科学版), 2015, 37 (3): 125-131.

[92] 廖卫东, 刘淼. 自治、博弈与激励: 我国农村人居环境污染治理的制度安排 [J]. 生态经济, 2020, 36 (5): 194-199.

[93] 刘宝林. 治理学视域下的乡村"厕所革命" [J]. 西北农林科技大学学报 (社会科学版), 2019, 19 (2): 28-34.

[94] 刘炳坚, 何健瑛, 曾辉玲. 农村村容村貌整改初探 [J]. 农业科技与信息, 2016 (32): 52-53.

［95］刘春霞．乡村社会资本视角下中国农村环保公共品合作供给研究［D］．长春：吉林大学，2016.

［96］刘茵莉．乡村振兴视域下美丽乡村建设研究［D］．青岛：青岛大学，2021.

［97］刘俊新．因地制宜，构建适宜的农村污水治理体系［J］．给水排水，2017，53（6）：1-3.

［98］刘敏．重庆新农村建设中的村庄整治策略研究［J］．建筑学报，2011（S1）：39-43.

［99］刘小铭．乡村振兴背景下农村"厕所革命"现状研究——以青海省互助县为例［J］．农村．农业．农民（B版），2021（4）：17-19.

［100］刘晓茹．关于农村人居环境整治路径思考［J］．农业经济，2022（3）：48-50.

［101］刘彦武．乡村厕所革命的演进与深化——基于创新扩散的视角［J］．重庆社会科学，2020（11）：119-131，2.

［102］刘洋，杨文龙，李陈．基于DAHP法的长三角城市化与城市人居环境协调度研究［J］．世界地理研究，2014，23（2）：94-103.

［103］刘勇．农村环境污染整治：从政府担责到市场分责［M］．北京：社会科学文献出版社，2021.

［104］刘余，朱红根，张利民．信息干预可以提高农村居民生活垃圾分类效果吗——来自太湖流域农户行为实验的证据［J/OL］．农业技术经济，2022（7）：1-15. DOI: 10.13246/j. cnki. jae. 20211214. 003.

［105］卢宪英．新中国70年村容村貌变迁与村庄规划［J］．中国发展观察，2019（22）：36-38.

［106］鲁圣鹏，李雪芹，杜欢政．农村生活垃圾治理典型模式比较分析与若干建议［J］．世界农业，2018（2）：4-10，210.

［107］吕建华，林琪．我国农村人居环境整治：构念、特征及路径［J］．环境保护，2019，47（9）：42-46.

［108］吕明亮，高素坤，张博雅，蒋严冰，徐学东．基于互联网＋的农村厕所信息化管理系统研究［J］．山东农业大学学报（自然科学版），2017，48（5）：745-748.

［109］马军旗，乐章．乡村人居环境质量评价及其影响因素——基于

2016 年中国劳动力动态调查村居数据 [J]. 湖南农业大学学报（社会科学版），2020，21（4）：45 - 52.

[110] 马丽，金凤君，刘毅. 中国经济与环境污染耦合度格局及工业结构解析 [J]. 地理学报，2012，67（10）：1299 - 1307.

[111] 马琳. 我国农村环境污染及治理对策研究 [J]. 农业经济，2017（7）：40 - 41.

[112] 毛馨敏，黄森慰，林晓莹. 农村居民生活垃圾分类处理行为研究——基于闽皖陕调研数据 [J]. 中南林业科技大学学报（社会科学版），2019（12）：60 - 66.

[113] 毛雁冰，龙新亚. 农村地区公共文化服务供给的影响因素——利用固定效应模型的实证检验 [J]. 图书馆论坛，2018，38（4）：77 - 83.

[114] 孟小燕，王毅，苏利阳，程多威，郝亮. 我国普遍推行垃圾分类制度面临的问题与对策分析 [J]. 生态经济，2019，35（5）：184 - 188.

[115] 缪玲玲. 农村人居环境整治中基层政府政策执行的困境研究 [D]. 南昌：江西财经大学，2021.

[116] 潘登登. 农村人居环境协同共治的路径研究 [D]. 长沙：湖南师范大学，2021.

[117] 彭晓波. 常州市新北区孟河镇农村厕所改造问题研究 [D]. 北京：中国矿业大学，2021.

[118] 齐琦，周静，王绪龙，等. 基层组织嵌入农村人居环境整治：理论契合、路径选择与改革方向 [J]. 中国农业大学学报（社会科学版），2021，38（2）：128 - 136.

[119] 钱程. 融合都市文化与绿色科技的日本现代化公共厕所 [J]. 城市管理与科技，2015，17（4）：82 - 84.

[120] 曲英，朱庆华. 情境因素对城市居民生活垃圾源头分类行为的影响研究 [J]. 管理评论，2010，22（9）：121 - 128.

[121] 沈峥，刘洪波，张亚雷. 中国"厕所革命"的现状、问题及其对策思考 [J]. 中国环境管理，2018，10（2）：45 - 48.

[122] 石超艺. 大都市社区生活垃圾治理推进模式探讨——基于上海市梅陇三村的个案研究 [J]. 华东理工大学学报（社会科学版），2018，33（4）：68 - 75，92.

[123] 时义磊，曹智，周律. 农村资源化公共厕所技术和实施的效益分析 [J]. 农业资源与环境学报，2021，38（4）：677 –685.

[124] 宋言奇. 发达地区农民环境意识调查分析——以苏州市 714 个样本为例 [J]. 中国农村经济，2010（1）：53 –62，73.

[125] 苏芳. 我国农村人居环境整治探索研究——评《农村环境污染整治：从政府担责到市场分责》[J]. 生态经济，2021，37（9）：230 –231.

[126] 孙慧波，赵霞. 中国农村人居环境质量评价及差异化治理策略 [J]. 西安交通大学学报（社会科学版），2018：1 –11.

[127] 孙晶，张春鑫. 教育社会学视角下贵州极贫乡镇村容村貌环境教育路径探析 [J]. 热带农业工程，2021，45（2）：74 –76.

[128] 孙琪. 临安区农村生活垃圾分类处理现状与农户满意度研究 [D]. 杭州：浙江农林大学，2019.

[129] 唐林，罗小锋，张俊飚. 社会监督、群体认同与农户生活垃圾集中处理行为——基于面子观念的中介和调节作用 [J]. 中国农村观察，2019（2）：18 –33.

[130] 唐宁，王成，杜相佐. 重庆市乡村人居环境质量评价及其差异化优化调控 [J]. 经济地理，2018，38（1）：160 –165.

[131] 唐任伍，谢志强，陈田，牛凤瑞. 株洲"厕所革命"经验值得借鉴 [J]. 人民论坛，2020（4）：2.

[132] 唐伟尧. 他山之石 可以攻玉——国外厕所管理先进经验对兰州公厕管理的启示 [J]. 发展，2018（3）：63 –65.

[133] 陶倩. 新农村建设中传统村庄村容村貌整治规划探讨 [J]. 智能城市，2018，4（9）：83 –84.

[134] 王冰. 夏邑县胡桥乡农村人居环境整治存在问题及对策研究 [D]. 郑州：郑州大学，2021.

[135] 王常伟，顾海英. 农村居民环境认知、行为决策及其一致性检验——基于江苏农村居民调查的实证分析 [J]. 长江流域资源与环境，2012，21（10）：1204 –1208.

[136] 王成新，姚士谋，陈彩虹. 中国农村聚落空心化问题实证研究 [J]. 地理科学，2005（3）：3257 –3262.

[137] 王大千. 协同治理视角下河南省 L 县美丽乡村建设研究 [D].

郑州：河南大学，2021.

[138] 王君．我国农村生活垃圾分类问题现状与改进对策 [J]．环境卫生工程，2017，25 (1)：24 - 26.

[139] 王俊能，赵学涛，蔡楠，等．我国农村生活污水污染排放及环境治理效率 [J]．环境科学研究，2020，33 (12)：2665 - 2674.

[140] 王伦，伍松林．中国农村生活垃圾处理的现状与对策 [J]．中国环境管理丛书，2008 (2)：3 - 5.

[141] 王瑞梅，张旭吟，张希玲，吴天真．农村居民固体废弃物排放行为影响因素研究——基于山东省农村居民调查的实证 [J]．中国农业大学学报（社会科学版），2015，32 (1)：90 - 98.

[142] 王珊．县域城郊农村人居环境整治研究 [D]．天津：天津大学，2020.

[143] 王晓楠．阶层认同、环境价值观对垃圾分类行为的影响机制 [J]．北京理工大学学报（社会科学版），2019，21 (3)：57 - 66.

[144] 王璇，张俊飚，何可，何培培．风险感知、公众形象诉求对农户绿色农业技术采纳度的影响 [J]．中国农业大学学报，2020，25 (7)：213 - 226.

[145] 王学婷，张俊飚，何可，等．农村居民生活垃圾合作治理参与行为研究：基于心理感知和环境干预的分析 [J]．长江流域资源与环境，2019，28 (2)：459 - 468.

[146] 王毅，孟小燕，程多威．关于固体废物污染环境防治法修改的研究思考 [J]．中国环境管理，2019，11 (6)：90 - 94.

[147] 王瑛，李世平，谢凯宁．农户生活垃圾分类处理行为影响因素研究——基于卢因行为模型 [J]．生态经济，2020，36 (1)：186 - 190，204.

[148] 王瑜．行政管理视角下的农村环境污染治理困境与突破 [J]．农业经济，2021 (4)：48 - 50.

[149] 王宇．基于扎根理论的沈阳市公共厕所管理研究 [D]．沈阳：东北大学，2012.

[150] 王玉娟，杨山，吴连霞．多元主体视角下城市人居环境需求异质性研究——以昆山经济技术开发区为例 [J]．地理科学，2018，38 (7)：

1156 – 1164.

［151］王玉君，韩冬临．经济发展、环境污染与公众环保行为：基于中国CGSS2013数据的多层分析［J］．中国人民大学学报，2016，30（2）：79 – 92.

［152］王玉明．政府公共服务委托代理的制度安排［J］．理论与现代化，2007（2）：56 – 61.

［153］王赞．固始县农村人居环境整治研究［D］．郑州：郑州大学，2019.

［154］王泽超，高尚．生态环境要素视角下农村环境污染类型与对策探究［J］．南方农业，2020，14（36）：157 – 158.

［155］王志平，岳秀萍．农村生活污水治理模式及适用技术浅议［J］．资源节约与环保，2015（11）：78 – 79.

［156］王志强，李黎，罗海霞，等．农村生活污水处理技术研究［J］．安徽农业科学，2012，40（5）：2957 – 2959.

［157］魏奕．乡村振兴中农村人居环境整治研究［D］．合肥：安徽农业大学，2021.

［158］吴大磊，赵细康，石宝雅，林盛华．农村居民参与垃圾治理环境行为的影响因素及作用机制［J］．生态经济，2020，36（1）：191 – 197.

［159］吴良镛．人居环境科学导论［M］．北京：中国建筑工业出版社，2001.

［160］吴朋，李玉刚，管程程，等．基于ESDA – GIS的成渝城市群人居环境质量测度与时空格局分异研究［J］．中国软科学，2018（10）：93 – 108.

［161］吴箐，程金屏，钟式玉，等．基于不同主体的城镇人居环境要素需求特征——以广州市新塘镇为例［J］．地理研究，2013，32（2）：307 – 316.

［162］吴文旭，蒲玥．政策网络视角下农村人居环境整治实践检视与路径建构［J］．山西农经，2022（4）：28 – 30.

［163］吴泽玲，石小波．乡村振兴背景下村容村貌提升整治设计探析——以重庆某乡村风貌整治设计为例［J］．农业与技术，2019，39（21）：179 – 180.

[164] 吴宗璇. 乡村振兴战略背景下农村厕所革命的路径研究 [J]. 河南农业, 2018 (11): 85-86.

[165] 伍妍霖. 户厕改造农户满意度影响因素研究 [D]. 成都: 西南财经大学, 2019.

[166] 徐初照. 一厕一世界——日本的厕所文化 [J]. 留学, 2015, Z1: 78-79, 7.

[167] 徐洪. 在德国感受城乡一体化 [J]. 群众, 2012 (7): 2.

[168] 徐林, 凌卯亮. 居民垃圾分类行为干预政策的溢出效应分析——一个田野准实验研究 [J]. 浙江社会科学, 2019 (11): 65-75, 157-158.

[169] 徐淑延. 对"厕所文化"内涵及其构建途径的思考与探索 [J]. 柳州职业技术学院学报, 2017, 17 (1): 108-112.

[170] 许亿欣, 王晓霞, 周景博, 等. 农村人居环境整治满意度及影响因素分析——基于 2019 年的典型调查 [J]. 干旱区资源与环境, 2022, 36 (5): 17-24.

[171] 许增巍, 姚顺波, 苗珊珊. 意愿与行为的悖离: 农村生活垃圾集中处理农村居民支付意愿与支付行为影响因素研究 [J]. 干旱区资源与环境, 2016, 30 (2): 1-6.

[172] 严岩, 孙宇飞, 董正举, 吴钢, 孔源. 美国农村污水管理经验及对我国的启示 [J]. 环境保护, 2008 (15): 65-67.

[173] 杨昌玉. 当前村容村貌整治问题研究 [J]. 乡村科技, 2016 (8): 46-47.

[174] 杨金龙. 农村生活垃圾治理的影响因素分析——基于全国 90 村的调查数据 [J]. 江西社会科学, 2013, 33 (6): 67-71.

[175] 杨锦秀, 赵小鸽. 农民工对流出地农村人居环境改善的影响 [J]. 中国人口·资源与环境, 2010, 20 (8): 22-26.

[176] 杨晴青, 朱媛媛, 陈佳, 等. 长江中游城市群城市人居环境竞争力格局及优化路径 [J]. 中国人口·资源与环境, 2017, 27 (8): 142-150.

[177] 杨旋, 王岩, 刘迎. 从公共管理角度浅谈我国"厕所革命"推行的现状及其重大意义 [J]. 现代经济信息, 2018 (5): 127.

[178] 杨志安, 邱国庆. 区域创新激励——来自财政分权的解释 [J].

软科学，2021，35（8）：51-56.

[179] 叶强. 乡村振兴背景下村容村貌变迁与振兴路径探索——以四川省资中县银山镇为例 [J]. 城市住宅，2021，28（1）：72-74.

[180] 伊庆山. 乡村振兴战略背景下农村生活垃圾分类治理问题研究——基于 s 省试点实践调查 [J]. 云南社会科学，2019（3）：62-70.

[181] 尹昕，王玉，车越，杨凯. 居民生活垃圾分类行为意向影响因素研究——基于计划行为理论 [J]. 环境卫生工程，2017，25（2）：10-14.

[182] 游细斌，代启梅，郭昌晟. 基于熵权 TOPSIS 模型的南方丘陵地区乡村人居环境评价——以赣州为例 [J]. 山地学报，2017，35（6）：899-907.

[183] 于法稳，侯效敏，郝信波. 新时代农村人居环境整治的现状与对策 [J]. 郑州大学学报（哲学社会科学版），2018，51（3）：64-68.

[184] 于法稳，于婷. 农村生活污水治理模式及对策研究 [J]. 重庆社会科学，2019（3）：6-17.

[185] 于法稳. 乡村振兴战略下农村人居环境整治 [J]. 中国特色社会主义研究，2019（2）：80-85.

[186] 于潇，郑逸芳. 农户参与畜禽养殖污染整治意愿及其影响因素——基于福建南平地区 286 份调查问卷 [J]. 湖南农业大学学报（社会科学版），2013，14（6）：44-49.

[187] 余克弟，刘红梅. 农村环境治理的路径选择：合作治理与政府环境问责 [J]. 求实，2011（12）：105-107.

[188] 张诚，刘旭. 农村人居环境整治的碎片化困境与整体性治理 [J]. 农村经济，2022（2）：72-80.

[189] 张国磊，张新文，马丽. 农村环境治理的策略变迁：从政府动员到政社互动 [J]. 农村经济，2017（8）：70-76.

[190] 张红培，李孜，赵秀竹，等. 我国农村改厕的成效及问题研究 [J]. 中国初级卫生保健，2018，6（32）：70-71.

[191] 张华星. 治理农村生活污水 深化美丽杭州实践 [J]. 杭州（周刊），2013（9）：36-37.

[192] 张姣妹，徐聪聪. 乡村振兴战略下农村"厕所革命"的发展对策——以河南省洛阳市农村地区为例 [J]. 台湾农业探索，2019（3）：72-76.

[193] 张俊哲,梁晓庆. 多中心理论视阈下农村环境污染的有效治理 [J]. 理论探讨,2012 (4):164 –167.

[194] 张明鑫,方冰雪. 农村"厕所革命"中村民主体性参与的问题及对策分析——以重庆市永川区为例 [J]. 现代商贸工业,2020,41 (7):76 –78.

[195] 张鹏飞,高静华. 农厕改造对乡村振兴的影响及其机制研究 [J]. 青海民族研究,2021,32 (1):99 –107.

[196] 张荣荣. 柳泉镇人居环境整治存在的问题及对策研究 [D]. 北京:中国矿业大学,2021.

[197] 张荣天,焦华富. 中国省际城镇化与生态环境的耦合协调与优化探讨 [J]. 干旱区资源与环境,2015,29 (7):12 –17.

[198] 张正勇,刘琳,唐湘玲,等. 城市人居环境与经济发展协调度评价研究——以乌鲁木齐市为例 [J]. 干旱区资源与环境,2011,25 (7):18 –22.

[199] 张志胜. 多元共治:乡村振兴战略视域下的农村生态环境治理创新模式 [J]. 重庆大学学报 (社会科学版),2020,26 (1):201 –210.

[200] 赵广帅,刘珉,高静. 日本生态村与韩国新村运动对中国乡村振兴的启示 [J]. 世界农业,2018 (12):183 –188.

[201] 赵国正. 协同治理视域下乡村"厕所革命"的路径选择 [J]. 南方农业,2021,15 (32):171 –173,176.

[202] 赵解春. 国外厕所行动对中国农村"厕所革命"的启示 [J]. 农业工程技术,2020,40 (35):41 –44.

[203] 赵晶薇,赵蕊,何艳芬,王森,安勤勤. 基于"3R"原则的农村生活垃圾处理模式探讨 [J]. 中国人口·资源与环境,2014,24 (S2):263 –266.

[204] 赵万民,周学红. 人居环境发展中的五律协同机制研究 [J]. 城市问题,2007 (1):20 –23.

[205] 赵伟. 干旱缺水地区农村无水冲厕所系统研究 [D]. 泰安:山东农业大学,2019.

[206] 赵文斌,李济之,王洋. 我国农村卫生旱厕现状及发展趋势 [J]. 安徽农业科学,2021,49 (23):209 –212.

[207] 赵霞，姜利娜. 建设京津冀美好新农村 [J]. 前线，2021 (2)：67 - 69.

[208] 赵霞，朱巧楠. 农户对农村环境的满意度及影响因素研究——基于1080个农户调研数据的计量分析 [J]. 河北大学学报（哲学社会科学版），2014，39 (1)：32 - 37.

[209] 赵霞. 农村人居环境：现状、问题及对策——以京冀农村地区为例 [J]. 河北学刊，2016，36 (1)：121 - 125.

[210] 郑凤娇. 农村生活垃圾分类处理模式研究 [J]. 吉首大学学报（社会科学版），2013，34 (3)：52 - 56.

[211] 郑开元，李雪松. 基于公共物品理论的农村水环境治理机制研究 [J]. 生态经济，2012 (3)：162 - 165.

[212] 钟格梅. 广西推进农村"厕所革命"的现实基础、主要困难和对策建议 [J]. 广西城镇建设，2018 (7)：22 - 31.

[213] 周凯，郭林，邻国玉，等. 河南省农村生活污水治理现状及政策建议 [J]. 农业现代化研究，2019，40 (3)：387 - 394.

[214] 周亮，车磊，孙东琪. 中国城镇化与经济增长的耦合协调发展及影响因素 [J]. 经济地理，2019，39 (6)：97 - 107.

[215] 周隆斌，巩前文，穆向丽. 日本农村生活污水治理经验及其对中国的启示 [J]. 农村工作通讯，2019 (9)：61 - 63，2.

[216] 朱琳，孙勤芳，鞠昌华，等. 农村人居环境综合整治技术管理政策不足及对策 [J]. 生态与农村环境学报，2014，30 (6)：811 - 815.

[217] 朱明熙. 对西方主流学派的公共品定义的质疑 [J]. 财政研究，2005 (12)：2 - 5.

[218] 朱诗琳. 农村"厕所革命"的借鉴、思考与展望 [J]. 广西城镇建设，2018 (7)：42 - 52.

[219] 朱武，姜磊. 厕所改革过程中存在的问题及对策 [J]. 现代农业科技，2021 (18)：263 - 264.

[220] 宗泓. 青岛市农村环境污染与防治对策研究 [D]. 青岛：中国海洋大学，2014.

[221] 邹彦. 农村居民对生活垃圾集中处理的支付意愿研究 [D]. 杨凌：西北农林科技大学，2010.

［222］祖敏. 公共服务视域中的"厕所革命"研究［D］. 北京：中国矿业大学，2020.

［223］Aberg H. , Dahlman S. , Shanahan H. , et al. Towards sound environmental behaviour：Exploring household participation in waste management ［J］. *Journal of Consumer Policy*, 1996, 19（1）：45 –67.

［224］Bratt C. The Impact of Norms and Assumed Consequences on Recycling Behavior ［J］. *Environment & Behavior*, 1999, 31（5）：630 –656.

［225］Ciolac R. , Adamov T. , Iancu T. , et al. Agritourism – A Sustainable Development Factor for Improving the 'Health' of Rural Settlements. Case Study Apuseni Mountains Area ［J］. *Sustainability*, 2019, 11（5）.

［226］Dong G. , Jia X. , Elston R. , et al. Spatial and temporal variety of prehistoric human settlement and its influencing factors in the upper Yellow River valley, Qinghai Province, China ［J］. *Journal of Archaeological Science*, 2013, 40（5）：2538 –2546.

［227］Doxiadis C. A. Ekistics, the science of human settlements ［J］. *Science*, 1970, 170（3956）：393 –404.

［228］Dugmore A. J. , Keller C. , Mcgovern T. H. Norse Greenland settlement：Reflections on climate change, trade, and the contrasting fates or human settlements in the North Atlantic Islands ［J］. *Arctic Anthropology*, 2007, 44（1）：12 –36.

［229］Gambarj, Oskanps. Factors influencing community residents' participation in commingled curbside recycling programs ［J］. *Environment & Behavior*, 1994, 26（5）：587 –612.

［230］Geddes P. Cities in evolution：an introduction to the town planning movement and to the study of civics ［J］. *Social Theories of the City*, 1915, 4（3）：236 –237.

［231］Germà Bel and Mildred Warner. Does privatization of solid waste and water services reduce costs? A review of empirical studies ［J］. *Resources, Conservation & Recycling*, 2008, 52（12）：1337 –1348.

［232］Gu B. , Wang H. , Chen Z. , et al. Characterization, quantification and management of household solid waste：A case study in China ［J］. *Resources*

Conservation & Recycling, 2015, 98: 67 – 75.

[233] Gustafson E. J. , Hammer R. B, Radeloff V. C. , et al. The relationship between environmental amenities and Changing human settlement patterns between 1980 and 2000 in the Midwestern USA [J]. *Landscape Ecology*, 2005, 20 (7): 773 – 789.

[234] Hardesty D. M. Estimating consumer willingness to supply and willingness to pay for curbside recycling [J]. *Land Economics*. 2012, 88 (4): 745 – 763.

[235] Howard E. *Garden Cities of Tomorrow* [M]. London: Faber and Faber, 1965.

[236] Jenerette G. D. , Harlan S. L. , Brazel A. , et al. Regional relationships between surface temperature, vegetation, and human settlement in a rapidly urbanizing ecosystem [J]. *Landscape Ecology*, 2007, 22 (3): 353 – 365.

[237] Lomborg B. The toilet revolution [J]. *Acuity*, 2016, 42: 138 – 152.

[238] Lu L. Culture, self, and subjective well – being: Cultural psychological and social chang eperspectives [J]. *Psychologia*, 2008, 51 (4): 290 – 303.

[239] Ali M. , Snel M. Lessons from community – based initiatives in solid waste [Z] . Water and Environmental Health at London and Loughborough (WELL) Study , 1999, 99.

[240] Mcbean G. , Ajibade I. Climate change, related hazards and human settlements [J]. *Current Opinion in Environmental Sustainability*, 2009, 1 (2): 179 – 186.

[241] Mcgranahan G. , Balk D. , Anderson B. The rising tide: assessing the risks of climate change and human settlements in low elevation coastal zones [J]. *Environment And Urbanization*, 2007, 19 (1): 17 – 37.

[242] Minn Z. , Srisontisu S. , Laohasiriw W. Promoting people's participation in solid waste management in Myanmar [J]. *Research Journal of Environmental Sciences*, 2001, 4 (3): 209 – 222.

[243] Monroe M. C. Two avenues for encouraging conservation behaviors

[J]. *Human Ecology Review*, 2003, 10 (2): 113 – 125.

[244] Ostrom V. , Tiebout C. M. , Warren R. The organization of government in metropolitan areas: A theoretical inquiry [J]. *American Political Science Review*, 1961, 55 (4): 831 – 842.

[245] Reid J. N. Community participation: How people power brings sustainable benefits to communities [R]. USDA Rural Development, 2000.

[246] Shimada G. The role of social capital after disasters: An empirical study of Japan based on Time – Series – Cross – Section (TSCS) data from 1981 to 2012 [J]. *International Journal of Disaster Risk Reduction*, 2015, 14: 388 – 394.

[247] Sinclair R. G. Recherche uO Research: Solid waste reduction through recycling an examination of program design [J]. University of Ottawa, 1987.

[248] Subash A. Community participation in solid waste management [J]. *Office of Enviornmental Justice*, Washington, 2002, 10 (1).

[249] Terazono A. , Moriguchi Y. , Yamamoto Y. S, et al. Special Feature on the Environmentally Sustainable City Waste Management and Recycling in Asia [J]. *International Review for Environmental Strategies*, 2005, 5 (2): 477 – 498.

[250] Tindall D. B. , Davies S. , Mauboulès C. Activism and conservation behavior in an environmental movement: The contradictory effects of gender [J]. *Society & Natural Resources*, 2003, 16 (10).

[251] Tonglet M. , Phillips P. S. , Read A. D. Using the Theory of Planned Behaviour to investigate the determinants of recycling behaviour: A case study from Brixworth, UK [J]. *Resources Conservation & Recycling*, 2004, 41 (3): 191 – 214.

[252] Vergara S. E. , Tchobanoglous G. Municipal solid waste and the environment: A global perspective [J]. *Social Science Electronic Publishing*, 2012, 37 (12): 277 – 309.

[253] Zeng C. , Niu D. , Li H. , et al. Public perceptions and economic values of source – separated collection of rural solid waste: A pilot study in China [J]. *Resources, Conservation and Recycling*, 2016, 107: 166 – 173.

后　记

　　推进农村人居环境整治，是以习近平同志为核心的党中央从战略和全局高度作出的重大决策部署，是实施乡村振兴战略的重点任务，事关广大农民根本福祉、身心健康和美丽中国建设，十分重要。2018年实施农村人居环境整治三年行动以来，农村"脏乱差"局面得到了扭转，农民环境卫生观念显著提升，但仍然存在着农村人居环境总体质量水平不高、区域发展不平衡、技术支撑不到位、农民参与不充分、管护机制不健全等问题。为此，2021年中央一号文件强调要"持续实施农村人居环境整治提升五年行动"。2021年底，中共中央办公厅、国务院办公厅印发了《农村人居环境整治提升五年行动方案（2021~2025年）》为下一个五年农村人居环境整治工作提供了具体的行动指南。2022年一号文件强调指出，接续实施农村人居环境整治提升五年行动，要"推进农村改厕以及生活污水治理""加快推进农村黑臭水体治理""推进生活垃圾源头分类减量""深入实施村庄清洁行动和绿化美化行动"。2022年5月由中共中央办公厅、国务院办公厅印发的《乡村建设行动实施方案》出台，要求在充分尊重农民意愿的基础上，因地制宜地扎实稳妥推进农村人居环境整治行动。在这样的背景下，十分有必要对农村人居环境的整治现状与困境、效果评估、经验借鉴及对策建议进行系统研究，总结过去经验教训，持续推进未来发展，本书的出版恰逢其时。

　　本书是在本人2018年中标的北京社科基金一般项目"京津冀农村人居环境协同治理研究"（18GLB045）和2019年中标的中央农办农业农村部乡村振兴专家咨询委员会办公室项目"推进农村人居环境整治研究"（125E0202）的研究成果基础上，经过我们整个研究团队的反复打磨、修改、校对，最终在中央高校基本科研业务费专项资金资助项目"农村人居环境整治模式、效果评估与机制创新研究"（批准号：2022TC101）的资助下，在经济科学出版社出版。

在本书即将出版之际，首先要感谢对本书作出贡献的合作者，参加《农村人居环境整治：现状困境、效果评估、经验借鉴与对策研究》书稿撰写的研究人员包括：第1章：赵霞、余其琪；第2章：赵霞、姜利娜；第3章：赵霞、余其琪；第4章：赵霞、张卓伟；第5章：赵霞、张卓伟、杨玮宏、姜利娜；第6章：赵霞、姜利娜、杨玮宏。本书的主要著作者为赵霞。

其次，要感谢促使本书顺利出版的中国农业大学科研院人文社科处处长张颖老师、经济科学出版社撒晓宇编辑，在本书出版的前期立项及后期编辑出版过程中，张老师和撒编辑给予了大力支持和帮助，在此表示衷心感谢！

希望本书的出版，能够为当前学术界关于农村人居环境整治相关研究、国家及地方科学规划和统筹推进农村人居环境整治相关政策的制定和实施起到积极的借鉴和参考作用，这也是我们研究团队努力多年研究农村人居环境整治的初衷。最后在本书出版之际，期盼中国农村人居环境整治取得新的成效，我国农村人居环境日益净起来、亮起来、绿起来、美起来，在不断提升乡村"颜值"的过程中，持续提高我国农村居民的幸福感和获得感。

赵 霞

2022 年 8 月 19 日